普通高等教育教材

高分子材料实验教程

GAOFENZI CAILIAO
SHIYAN JIAOCHENG

陈少云　主编
郭江彬　卓东贤　副主编

化学工业出版社
·北京·

内容简介

《高分子材料实验教程》是以高分子材料与工程专业本科培养方案为依据，以培养应用型人才为目标，结合石油化工、纺织服装、鞋业等福建省及泉州市"十四五"规划，联合以百宏实业等为代表的化工材料企业，以及以恒安、安踏等为代表的卫材、纺织鞋服应用企业，共同编写的实验教材。教材内容以高分子专业实验基础知识，塑料、橡胶、纤维、涂料与胶黏剂五大合成材料的个性化专业性能表征和评价为主线，以塑料、橡胶、纤维、涂料与胶黏剂实验为特色切入点，采用整体实验的设计结构，由校企合作编写而成，确保教材具有实践性、系统性、启发性和适用性，全面符合应用型人才培养的教学大纲要求。

本教材不仅可作为高分子材料与工程相关专业的教材，也可以作为相关行业工程技术人员的参考书。

图书在版编目（CIP）数据

高分子材料实验教程 / 陈少云主编 ；郭江彬，卓东贤副主编. -- 北京 ：化学工业出版社，2025. 8.
（普通高等教育教材）. -- ISBN 978-7-122-48297-6

Ⅰ. TB324.02

中国国家版本馆 CIP 数据核字第 20254DC689 号

责任编辑：张　艳
义字编辑：邢苗苗
责任校对：宋　玮
装帧设计：王晓宇

出版发行：化学工业出版社
　　　　　（北京市东城区青年湖南街 13 号　邮政编码 100011）
印　　装：北京天宇星印刷厂
787mm×1092mm　1/16　印张 11½　字数 283 千字
2025 年 8 月北京第 1 版第 1 次印刷

购书咨询：010-64518888
售后服务：010-64518899
网　　址：http://www.cip.com.cn
凡购买本书，如有缺损质量问题，本社销售中心负责调换。

定　　价：49.80 元

前言
PREFACE

现有的高分子材料专业实验书，主要针对的是高分子材料的基础实验、材料加工实验、高分子化学实验、高分子物理实验等，而针对五大合成高分子材料——塑料、橡胶、纤维、涂料和胶黏剂的个性化专业性能的表征实验却很少涉及，特别是针对涂料、胶黏剂的性能表征实验教材还未见出版。

《高分子材料实验教程》旨在适应新时期高分子材料与工程专业应用型人才的培养需要。本教材基于泉州师范学院多位教师多年的高分子专业实验教学改革经验，参考了国内外有关高分子专业实验教材和资料，并与相关企业的高级工程师进行了探讨研究。本教材为独立设课的高分子材料专业实验课程而编写，旨在使毕业生知识结构与企业对跨行业、跨学科人才的综合素质要求相衔接，同时提高毕业生的实践能力以满足岗位需求。

本教材不仅可作为高分子材料与工程相关专业的教材，也可以作为相关行业工程技术人员的参考书。本教材编写以泉州市创建国家产教融合试点城市为契机，紧扣石油化工、纺织服装、鞋业产业链的发展需求，为积极贯彻创新产教深度融合的应用型人才培养模式，打造一批校企合作金课，推动专业集群式发展，建设一流水平的优势特色专业奉献一份力量。

参加本教材编写工作的老师和工程师有：陈少云老师、瞿波老师（第一章、第二章、第六章）；卓东贤老师、刘超工程师（第三章）；郭江彬老师、王睿老师、刘智敏工程师（第四章、第五章）。全书由陈少云统稿。

由于编者水平有限，书中难免存在缺点和不足之处，恳请读者批评指正。

编者

2025 年 3 月

目 录
CONTENTS

第一章　高分子专业实验基础知识

一、高分子专业实验的目的

从 20 世纪 20 年代以来，高分子科学技术的发展极为迅速，广泛应用于各产业领域。人们已经意识到高分子材料越来越成为不可缺少的重要材料。高分子是一门实验性科学，正是通过各种实践应用（实验性研究、工业性开发和生产等）与理论研究的相互关联，高分子科学才得以迅猛发展。

高分子专业实验是高分子课程的重要组成部分。学生通过高分子实验可以获得许多感性和理性认识，加深对高分子专业知识和原理的理解。在实验过程中，学生需要提出问题、查阅资料、设计实验方案、动手操作、观察现象、收集数据、分析结果和提炼结论，通过这个演练过程，不但能熟练和规范地进行高分子实验的基本操作，掌握实验技术和基本技能，了解高分子化学中采用的特殊实验技术，还提高了学生分析问题、解决问题的能力和动手能力，为以后的科学研究和工作打下坚实的基础。

二、高分子专业实验的主要任务

高分子材料的加工工艺不断发展，应用范围不断扩大，因此高分子专业的学生掌握高分子材料的加工工艺、性能测试方法、加工特性、使用性能是必要的。本书作为高分子专业实验的教材包含了高分子测试性能表征等一系列的实验，旨在帮助学生掌握高分子实验的技术和原理，巩固理论知识。高分子专业实验通过阐明实验目的、实验原理、实验仪器与试样、实验步骤、实验结果及数据处理、思考题等，帮助学生分析与思考实验现象和结果，启发学生的思维。高分子专业实验的综合设计实验要求学生结合实验指导，独立完成文献查阅、实验设计等，培养学生独立思考、解决问题的能力，提高了学生的实验能力及创新能力，激发学生兴趣。

三、高分子专业实验的注意事项

① 必须了解实验室各项规章制度及安全制度。

② 实验前应充分查阅实验内容及教材中的有关部分内容，写出实验方案，做到明确实验的目的、内容及原理，了解实验步骤。

③ 为了保证每次实验结果的可靠性，同一性能实验数据具有可比性，需对实验方法建立统一的规范，即实验准备、实验步骤、结果处理等应统一遵循的规定。

④ 样条的准备：高分子性能测试中需要准备样条，为了使不同材料的测试结果有可比性，或是同一材料的测试结果不因尺寸的因素影响其重复性，要求样条制作时采用统一的规定尺寸。

⑤ 实验中如涉及有毒、易燃的化学品时，应在实验之前查明化学品的特性，了解防护以及应急措施，在实验中根据要求做好相应的防护。

⑥ 实验中涉及的设备，应先由实验老师讲解使用方法、注意事项之后方可操作，不可擅自启动设备。

⑦ 实验时操作仔细，认真观察实验现象，并随时如实记录实验现象和数据，以培养严谨的科学作风。

⑧ 实验完成后，应结合相应的实验原理分析实验结果，认真思考课后习题，进一步总结实验。

⑨ 爱护实验室仪器设备，实验时必须注意基本操作、仪器安装准确安全，实验台保持整齐清洁。

⑩ 公共仪器、药品、工具等使用完应立即放回原处，整齐排好，不得随便动用实验以外的仪器、药品、工具等。

⑪ 实验时应严格遵守操作规程、安全制度，以防发生事故。如发生事故，应立即向指导教师报告，并及时处理。

⑫ 实验后立即清洗仪器，做好清洁卫生工作。

⑬ 万一发生火灾，必须保持镇静，立即切断电源，移去易燃物，同时采取正确的灭火方法将火扑灭。

⑭ 实验完毕，离开实验室时，应切断电源、关紧水阀、关好门窗，以免发生事故。

四、高分子专业实验的安全常识

1. 危险化学品伤害与玻璃划伤

当皮肤接触有毒、有腐蚀性化学品时，应立即脱去外衣，并用大量流动清水清洗 10min，送医；若眼睛溅入化学品时，千万不要用手揉，应立即翻开眼睑并用大量流动清水清洗 15min，送医。当吸入有毒或腐蚀性化学品时，应撤离现场到空气流通的地域。如果呼吸困难可进行吸氧或人工呼吸。若被玻璃划伤，应立即挤出污血，用大量清水洗涤 10min，以便彻底清除残留的化学药品和一些碎的玻璃碴，伤口创面用创可贴或胶布包扎，使其迅速止血，必要时需到医院接受治疗。若受伤严重，有大量血液涌出时，应引导受伤者躺下，保持安静，将受伤部位略抬高，用一垫子稍用力压住伤口，同时迅速拨打急救电话，让医生和救护车迅速赶来救护。

2. 火灾与烧伤

在实验室处理易燃、易爆化学品时，应远离火源，所有仪器设备均应严格按照操作说明进行安装、调试、检查。一旦发生火灾应立即切断电源，移开火源附近易燃物品，并使用灭火器灭火（严禁用水灭火），同时拨打火警 119。若有明火引燃服装，应立即脱掉服装或在地上打滚，以熄灭火源。若发生轻微烧伤或烫伤，需要将烫伤部位用冷水浸泡（冲洗）10～15min，然后在伤口涂抹苦味酸溶液等烫伤药剂，而对于一些更加严重的烫伤，则需要送到医院进行专业治疗。

3. 爆炸

实验室有些化学品如乙醚、硝酸酯等在受热或受到冲击作用时容易发生爆炸，这类物质应放置在阴凉干燥处，避免受热，一旦发生爆炸，立即切断电源，撤离现场，并拨打火警电话 119。

第二章　塑料性能表征实验

塑料的成型加工是塑料工业中的重要环节，要把合成树脂变成有用的塑料制品应用到农业、工业、国防和科学技术的各个领域中，必须通过成型加工手段。常用的加工成型方法有挤出、注塑、吹塑、模压、压延等。聚合物只有通过加工成型才能获得所需的形状、结构与性能，成为有实用价值的材料与制品。塑料在加工过程中高分子表现出形状、结构和性质等方面的变化。

本章内容旨在致力于"塑料性能测试"，解决塑料原材料测试和制品性能测试中的实际性问题。在内容处理上考虑了应用型专业的特点，突出"实际、实用、实践"的原则，在保证基本内容的基础上，补充相关理论、新标准、新设备和新技术。主要针对塑料的力学性能、热性能、老化性能及其他性能进行测试，其中除了国家继续使用的标准方法外，大部分采用最新国家标准方法。通过实验使学生更深入掌握和巩固塑料性能基本操作与控制方法，培养学生的实际技术技能和动手能力。本章内容密切结合塑料性能测试的实际工作，涉及的测试技术实用、具体，操作方法通俗易懂，可以作为塑料性能测试工作人员及非塑料专业人员培训学习参考资料使用。

实验一
塑料拉伸强度的测定

一、实验目的

1. 掌握塑料的静态拉伸实验方法。

2. 测定 PP、ABS 两种塑料的屈服强度 $\sigma_{屈}$、拉伸强度 σ_E、断裂伸长率 $\varepsilon_{断}$，学会由被测试材料的应力-应变曲线判断材料的类型。

二、实验原理

1. 应力-应变曲线

本实验是在规定的实验温度、湿度及不同的拉伸速度下，于试样上沿纵轴方向施加静态拉伸载荷，测定方法参考 GB/T 1040.2—2022，以测定塑料的力学性能。塑料拉伸实验试样的形状如图 2-1-1 所示。试样的尺寸见表 2-1-1。

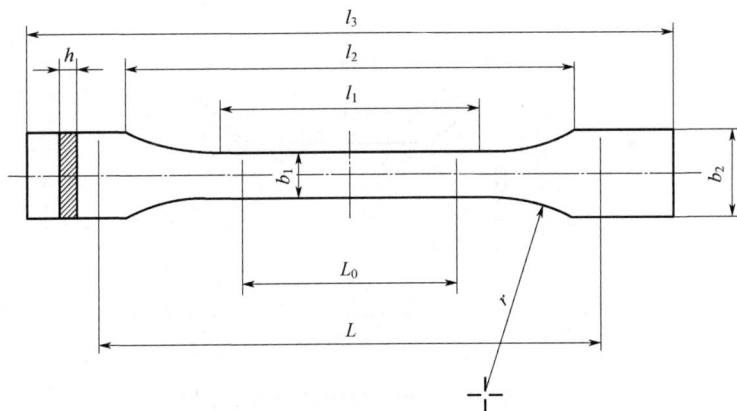

图 2-1-1　1A 型和 1B 型试样形状

直接模塑的多用途试样应选用 1A 型，机加工试样应选用 1B 型。压塑试样也可选用 1A 型

表 2-1-1　1A 型和 1B 型试样的尺寸　　　　　　　　　　　单位：mm

	项目	1A 型	1B 型
l_3	总长度①	170	≥150
l_1	窄平行部分的长度	80.0±2	60.0±0.5
r	半径	24±1	60±0.5
l_2	宽平行部分的距离②	109.3±3.2	108.0±1.6
b_2	端部宽度	20.0±0.2	
b_1	窄部分宽度	10.0±0.2	
h	优选厚度	4.0±0.2	
L_0	标距（优选） 标距（质量控制或规范时）	75.0±0.5 50.0±0.5	50.0±0.5
L	夹具间的初始距离	115±1	115±1

注：由 l_1、r、b_1 和 b_2 获得的结果应在规定的允差范围内。

① 1A 型试样推荐总长度为 170mm，符合 GB/T 17037.1 和 ISO 10724-1 要求。对某些材料需要延长柄端长度（如 l_3=200mm），以防止在试验机夹具内断裂或滑动。

② $l_2 = l_1 + [4r(b_2-b_1)-(b_2-b_1)^2]^{1/2}$。

拉伸实验是最常见的一种力学实验，由实验测定的应力-应变曲线，可以得出评价材料性能的屈服强度（$\sigma_\text{屈}$）、拉伸强度（σ_E）、断裂伸长率（$\varepsilon_\text{断}$）等表征参数，不同聚合物、不同测定条件，测得的应力-应变曲线是不同的。

（1）结晶性聚合物　结晶性聚合物的应力-应变曲线如图 2-1-2 所示。

① OA 段。曲线的起始部分，近乎是条直线，此时试样被均匀拉长，应变很小，而应力增加很快，呈普弹形变，是由分子的键长、键角以及原子间距离的改变引起的，其变形是可逆的，应力和应变之间服从胡克定律，即：

$$\sigma = E\varepsilon$$

式中，σ 为应力，MPa；ε 为应变，%；E 为弹性模量，MPa。图 2-1-2 中 A 为屈服点，A 点对应的应力叫屈服应力（$\sigma_{屈}$）或屈服强度。

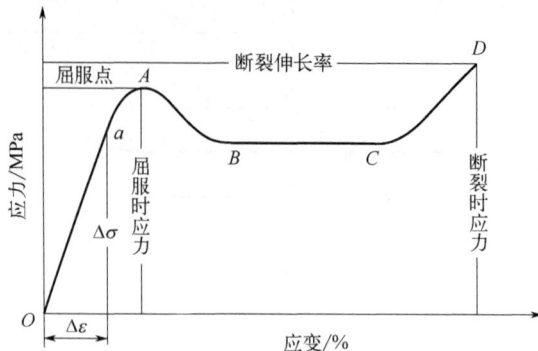

图 2-1-2　结晶性聚合物的应力-应变曲线

② AB 段。经过屈服点以后，应变增加，应力反而有所下降，称为"应变软化"。

③ BC 段。到达屈服点 A 后，试样突然在某处出现一个或几个"细颈"现象，出现细颈部分的本质是分子在该处发生了取向的结晶，该处强度增大，故拉伸时细颈不会变细拉断，而是向两端扩展，直至整个试样完全变细为止，此阶段应力几乎不变，而变形却增加很多。

④ CD 段。被均匀拉细后的试样，再度变细即分子进一步取向，应力随应变的增加而增大，直至在点 D 断裂，试样被拉断，对应于 D 点的应力称为强度极限，是工程上最重要的指标，即拉伸强度 σ_E（MPa），其计算公式如下：

$$\sigma_E = \frac{P}{bd}$$

式中，P 为最大破坏载荷，N；b 为试样宽度，mm；d 为试样厚度，mm。断裂点 D 可能高于或低于屈服点 A。

断裂伸长率 $\varepsilon_{断}$ 是材料在断裂时的相对伸长，$\varepsilon_{断}$ 按下式计算：

$$\varepsilon_{断} = \frac{L - L_0}{L_0} \times 100\%$$

式中，L_0 为试样标线间距离，mm；L 为试样断裂时标线间距离，mm。

（2）玻璃态高聚物　玻璃态高聚物拉伸曲线有如下几个发展阶段。见图 2-1-3。

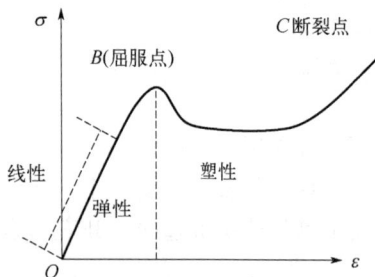

图 2-1-3　玻璃态高聚物的拉伸曲线

① 屈服前区。曲线的起始部分近乎是条直线，试样被均匀拉长，应变很小，应力增加很快，呈普弹形变，应力、应变服从胡克定律 $\sigma = E\varepsilon$，应力随应变增加而上升，这是因为外力使键长、键角以及原子间距离改变而使大分子间存在的大量物理交联发生形变，当外力解除后，这个形变可以立即回复。

② 屈服区。继续拉伸，曲线开始变弯，出现的转折点为屈服点，这时材料进入了强迫高弹态形变阶段，外力使大分子链间原有交联点遭到破坏。

③ 延伸区。材料屈服后，再被拉伸，从曲线上可

以看出应力基本不变，而形变很大，这是由于在外力作用下，强迫大分子链运动，分子重新构象，而且运动的范围可以很大，大分子链沿外力作用方向可能被拉直。

④ 增强区。随着拉伸过程的进行，取向、拉直的大分子链之间断裂的物理交联点逐步增加，若使材料再伸长，只有更大的力才能使分子之间产生滑移，致使形变应力重新增加，曲线急转而上，直至材料断裂。

2. 影响高聚物机械强度的因素

影响高聚物机械强度的因素如下：

① 大分子链的主价链、分子间力以及高分子链的柔性等，是决定高聚物机械强度的主要内在因素。

② 在加工过程中留下来的各种痕迹。如成型制品时，表层及内部冷却速度不一致，表面先凝固而内部仍处于高热状态，产生一种阻止表面形成完整表皮结构的内应力，使得外表皮上出现许多龟裂，整个物体冷却后，这些龟裂以裂缝、真空泡等形式留在制品表面或内层。此外，由于混料及塑化不均，以及引进微小气泡或各种杂质，这些隐患均成为制品强度的薄弱环节。

③ 环境温度、湿度及拉伸速度等对机械强度有着非常重要的影响。塑料属于高弹态材料，它的力学松弛过程对拉伸速度和环境温度非常敏感。升高温度使分子链段的热运动加剧，松弛过程进行得较快，拉伸时表现较大的形变和较低的强度；拉伸速度低时，由于速度慢，外力作用持续时间长，分子链来得及取向位移，进行重排，所以，试样表现出较大的形变和较低的强度，因此，降低拉伸速度和增加实验温度的结果是等效的。

三、实验仪器与试样

1. 仪器

拉伸机（瑞格尔电子万能材料试验机），见图 2-1-4、游标卡尺、直尺、千分尺、记号笔。

图 2-1-4　电子万能材料试验机

2. 试样

用标准试样注射成型模具在注射机上分别加工聚丙烯（PP）、丙烯腈-丁二烯-苯乙烯共聚物（ABS）两种材料，每种材料制备三至五组试样。

四、实验步骤

1. 记录实验材料的名称并编号。

2. 调整拉伸机的拉伸速度为 20mm/min（50mm/min）；记录拉伸速度及拉伸原始数据，即各试样的截面尺寸、屈服力、拉断力、试样伸长绝对值。

3. 把试样安装到拉伸试验机的夹具上，调整试样的长度读数，并把拉力读数盘的读数调整为零；开启试验机测定拉伸应力-应变曲线。

4. 重复上述步骤，完成两种材料的各三组（或五组）试样的全部实验。

5. PP、ABS 两种材料的试样在 20mm/min、50mm/min 拉伸速度下进行实验，根据实验所得的数据计算各个试样的应力、屈服强度、拉伸强度、断裂伸长率并绘制各自的应力-应变曲线。

五、实验结果及数据处理

实验原始数据记录及计算数据表

试样序号	试样标线间距离/mm	试样材料	试样宽度/mm	试样厚度/mm	拉伸速度/（mm/min）	拉伸强度/MPa	断裂伸长率/%
1							
2							
3							
4							
5							
标准偏差							

六、思考题

1. 绘制两种材料在不同拉伸速度下的拉伸曲线，比较 PP、ABS 两种材料的屈服强度、拉伸强度、断裂伸长率有何不同，为什么？

2. 分析拉伸应力-应变曲线出现两个拐点的原因。

3. 分析拉伸速度对材料断裂伸长率的影响。

实验二

塑料弯曲强度的测定

一、实验目的

1. 掌握弯曲强度的测试方法和万能试验机的使用方法。
2. 测定高分子材料聚氯乙烯（PVC）型材的弯曲性能。

二、实验原理

弯曲实验有两种加载方法，一种为三点式加载法，另一种为四点式加载法。本实验参考《塑料 弯曲性能的测定》（GB/T 9341—2008），采用两端自由支撑、中央加荷的三点式加载法（图 2-2-1）。实验时将一规定形状和尺寸的试样置于两支座上，并在支座的中点施加一，集中负荷，使试样产生弯曲应力和变形。此方法是使试样在最大弯矩处及其附近破坏。

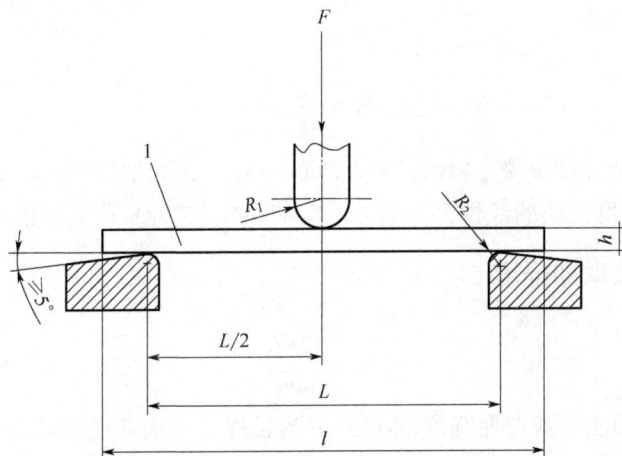

图 2-2-1 弯曲实验三点式加载法

1—试样；R_1—压头半径；h—试样厚度；R_2—支座半径；F—施加力；L—支座间跨距的长度；l—试样长度

实验时应按要求调节跨度和实验速度。ISO 标准规定：跨度应为试样厚度的 15～17 倍，对于厚度较大的单向纤维增强材料试样，须采用较大的跨厚比（L/h）计算的跨度，以避免因剪力使试样分层，对于很薄的试样，可采用较小的跨厚比计算的跨度，以便能在试验机的能量范围内进行测定。

标准试样实验速度选择（2.0 ± 0.4）mm/min，非标准试样应依据下式计算得出：

$$V = \frac{S_r L^2}{6h}$$

式中，V 为加荷压头与支座的相对移动速度，mm/min；S_r 为应变速率，一般为 $0.01min^{-1}$，或按材料规格要求进行调整；L 为跨度，mm；h 为试样厚度，mm。

可采用注塑、模塑或由板材经机械加工制成的矩形截面的试样。试样的标准尺寸为（80±0.5）mm 长，（10±0.5）mm 宽；（4±0.2）mm 厚，也可以从标准的双铲形多用途试样的中间平行部分截取，若不能获得标准试样，则长度必须为厚度的 20 倍以上，试样宽度由表 2-2-1 选定。试样厚度小于 1mm 时不作弯曲实验，厚度大于 50mm 的板材，应单面加工到 50mm，且加工面朝上放置，这样就会减少或消除其加工影响。对于各向异性材料应沿纵横方向分别取样，使试样的负荷方向与材料实际使用时所受弯曲负荷方向一致。

表 2-2-1　试样宽度

标称厚度 h/mm	宽度 b/mm	
	基本尺寸/mm	极限偏差/mm
$1 < h \leqslant 3$	25	
$3 < h \leqslant 5$	10	
$5 < h \leqslant 10$	15	
$10 < h \leqslant 20$	20	±0.5
$20 < h \leqslant 35$	35	
$35 < h \leqslant 50$	50	

1. 弯曲弹性模量

$$E_f = \frac{L^3 P}{4bh^3 Y}$$

式中，E_f 为弯曲弹性模量，MPa；L 为跨度，mm；b 为试样宽度，mm；h 为试样厚度，mm；P 为在负荷-挠度曲线的线性部分选点的负荷，N；Y 为负荷对应的挠度，mm。

2. 弯曲应力或弯曲强度

$$\sigma_f = \frac{3PL}{2bh^2}$$

式中，σ_f 为弯曲应力或弯曲强度，MPa；P 为试样承受的弯曲负荷，N；L 为跨度，mm；b 为试样宽度，mm；h 为试样厚度，mm。

三、实验仪器与试样

1. 仪器

微机控制电子万能材料试验机，游标卡尺。

2. 试样

聚氯乙烯（PVC）型材，规格尺寸：（80±0.5）mm 长，（10±0.5）mm 宽，（4±0.2）mm 厚；数量：5 块。

四、实验步骤

1. 进行 PVC 试样的制备和外观检查。试样应平整，无气泡、裂纹、分层、明显杂质和加工损伤等缺陷。

2. 对试样编号，测量试样工作部分的宽度和厚度，精确至 0.01mm。每个试样测量三点，取算术平均值。

3. 开机：试验机—打印机—计算机。进入试验软件，选择好联机方向，选择正确的通信口，选择对应的传感器及引伸仪后联机。

4. 根据所选试样（主要是试样的跨厚比和长度）设置好极限位置；在试验软件内选择弯曲实验方案，进入试验窗口，输入"用户参数"；放置试样时，确保试样与试样支柱平行，试样不宜固定。

5. 将上压头调整在适当的位置，在软件界面上将数据清零，开始实验。

6. 实验完成后，取下样品，重复 5 次实验。

7. 实验结束后，打印实验报告。

五、实验结果及数据处理

实验结果记录表

样条编号	L/mm	b/mm	h/mm	弯曲负荷 P/N	弯曲强度 σ_f /MPa
1					
2					
3					
4					
5					
标准偏差 S					

六、注意事项

微机控制电子万能材料试验机属精密设备，在操作试验机时，务必遵守操作规程，精力集中，认真负责。

1. 每次设备开机后要预热 10min，待系统稳定后，才可进行实验工作；如果刚关机，需要再开机，应至少保证 1min 的间隔时间。任何时候都不能带电插拔电源线和信号线，否则很容易损坏电气控制部分。

2. 实验开始前，一定要调整好限位挡圈，以免操作失误损坏力值传感器。

3. 实验过程中，不能远离试验机。除停止键和急停开关外，不要按控制盒上的其他按键，否则会影响实验。

4. 实验结束后，一定要关闭所有电源。

实验三
塑料冲击强度的测定

一、实验目的

1. 掌握冲击强度的测试方法和摆锤式冲击试验机的使用方法。

2. 测定高分子材料聚氯乙烯（PVC）型材、有机玻璃（又称聚甲基丙烯酸甲酯，PMMA）的冲击性能。

二、实验原理

冲击强度是材料突然受到冲击断裂时，每单位横截面上，材料可吸收的能量的量度，它反映材料抗冲击作用的能力，是一个衡量材料韧性的指标。冲击强度小，材料较脆。冲击强度的计算公式为：

$$\alpha = \frac{A \times 10^2}{bd}$$

式中，α 为冲击强度，J/cm²；A 为冲断试样所消耗的功，J；b 为试样宽度，mm；d 为试样厚度，mm。冲击强度的测试方法很多，应用较广的有摆锤式冲击试验、落球法冲击试验和高速拉伸试验三种方法。

本实验采用摆锤式冲击试验法，参照了 GB/T 3808—2018。将标准试样放在冲击机规定的位置上，然后让重锤自由落下冲击试样，测量摆锤冲断试样所消耗的功，根据冲击强度的计算公式计算试样的冲击强度。摆锤冲击试验机的基本构造有 3 部分：机架部分、摆锤冲击部分和指示系统部分。根据试样的安放方式，摆锤式冲击试验又分为简支梁型（Charpy 法）和悬臂梁型。前者试样两端固定，摆锤冲击试样的中部；后者试样一端固定，摆锤冲击自由端。如图 2-3-1 所示。

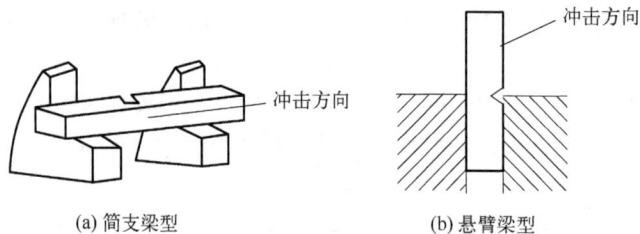

图 2-3-1　摆锤式冲击试验中试样的安放方式

试样可采用带缺口和无缺口两种。采用带缺口试样的目的是使缺口处试样的截面积大为减小，受冲击时，试样断裂一定发生在这一薄弱处，所有的冲击能量都能在这局部的地方被吸收，从而提高实验的准确性。

测定时的温度对冲击强度有很大影响。温度越高，分子链运动的松弛过程进行越快，冲击强度越高。相反，当温度低于脆化温度时，几乎所有的塑料都会失去抗冲击的能力。当然，结构不同的各种聚合物，其冲击强度对温度的依赖性也各不相同。湿度对有些塑料的冲击强度也有很大影响。如尼龙类塑料，特别是尼龙6、尼龙66等在湿度较大时，其冲击强度更主要表现为韧性的大大增加，在绝对干燥状态下几乎完全丧失冲击韧性。这是因为水分在尼龙中起着增塑剂和润滑剂的作用。

试样尺寸和缺口的大小和形状对测试结果也有影响。用同一种配方、同一种成型条件的塑料作冲击实验时，会发现不同厚度的试样在同一跨度上做冲击实验，以及相同厚度在不同跨度上实验，其所得的冲击强度均不相同，且都不能进行比较和换算。而只有用相同厚度的试样在同一跨度上实验，其结果才能相互比较，因此在标准试验方法中规定了材料的厚度和跨度。缺口半径越小，即缺口越尖锐，则应力越易集中，冲击强度就越低。脆性材料一般多为劈面式断裂，而韧性材料多为不规整断裂，断口附近会发白，涉及的体积较大。若冲击后韧性材料不断裂，但已破坏，则冲击强度以"不断"表示。因此，同一种试样，加工的缺口尺寸和形状不同，所测得的冲击强度数据也不一样。这在比较强度数据时应该注意。

三、实验仪器与试样

1. 仪器

美特斯 ZBC1400-B 型摆锤冲击试验机，万能制样机。

2. 试样

聚氯乙烯（PVC）型材、有机玻璃（PMMA）样条各5块。

规格尺寸：（80±0.5）mm 长，（10±0.5）mm 宽，（4±0.2）mm 厚，缺口深度2mm。

四、实验步骤

1. 检查摆锤摆动范围内是否有其他物体。

2. 据材料及选定的实验方法，装上适当的摆锤（简支梁：1J，2J，4J；悬臂梁：2.75J，4J）：根据试样破坏时所需的能量选择摆锤，使消耗的能量在摆锤总能量的10%～85%范围内。（注：若符合这一能量范围的不止一个摆锤时，应该用最大能量的摆锤。）

3. 检查摆锤刀刃、支座是否完好无损，压块是否压紧，跨距是否找正。

4. 检查仪表的电源连线和信号连线连接是否正常。

5. 测量试样中部的宽度和厚度，准确至 0.02mm。缺口试样应测量缺口处的剩余厚度，测量时应在缺口两端各测一次，取其算术平均值。

6. 抬起并锁住摆锤，把试样按规定放置在两支撑块上，试样支撑面紧贴在支撑块上，使冲击刀刃对准试样中心，缺口试样刀刃对准缺口背向的中心位置。

7. 平稳释放摆锤，读取试样吸收的冲击能量和韧性值。

8. 试样无破坏的冲击值应不作取值。试样完全破坏或部分破坏的可以取值。

9. 如果同种材料可以观察到一种以上的破坏类型，须在报告中标明每种破坏类型的平均冲击值和试样破坏的百分数。不同破坏类型的结果不能进行比较。

五、实验结果及数据处理

实验结果记录表

样条编号	A/J	b/mm	d/mm	冲击强度 α/（J/cm²）	标准偏差 S
1					
2					
3					
4					
5					

六、注意事项

1. 实验过程中注意安全。在做空击和冲击实验过程中，其他人应远离冲击试验机。
2. 试样冲断后应及时捡回并观察断裂情况是否符合要求。

七、思考题

1. 影响高分子材料冲击强度测试值的因素有哪些？
2. 高分子材料冲击强度测试方法有哪些，各有什么不同？

实验四

塑料压缩性能的测定

一、实验目的

1. 测定高分子材料的压缩性能，确定材料的压缩强度、压缩应变、压缩模量。
2. 掌握高聚物的压缩性能实验方法。

二、实验原理

本实验是在一定的实验温度、湿度、加力速度下，于试样上沿纵轴方向施加静态压缩载荷，以测定高分子材料的压缩力学性能，参照了 GB/T 1041—2008。

压缩性能实验是最常用的一种力学实验。压缩性能实验是把试样置于试验机的两压板之间，并在沿试样两个端面的主轴方向，以恒定速率施加一个可以测量的大小相等而方向相反的力，使试样沿轴向方向缩短，而径向方向增大，产生压缩变形，直至试样破裂或变形达到一定标准规定为止。施加的压缩负荷由试验机上直接读取，并按下式计算压缩强度。

$$\sigma = \frac{P}{F}$$

式中，σ 为压缩强度，MPa；P 为压缩负荷，N；F 为试样原始横截面积，mm^2。

试样在压缩负荷作用下，高度的改变量称为压缩形变。压缩形变计算公式：

$$\Delta H = H_0 - H$$

式中，ΔH 为试样压缩形变，mm；H_0 为试样原始高度，mm；H 为压缩过程中试样任何时刻的高度，mm。

试样的压缩形变除以试样的原始高度，即单位原始高度的试样变形量，为压缩应变，计算公式如下：

$$\varepsilon = \frac{\Delta H}{H_0}$$

式中，ε 为试样的压缩应变，%；H_0 为试样原始高度，mm；ΔH 为试样压缩形变，mm。

在应力-应变曲线范围内压缩应力与压缩应变的比值称为压缩模量（E），取应力-应变（σ-ε）直线上两点的应力差与应变之比，计算压缩模量（MPa）。计算公式如下：

$$E = \frac{\sigma_1 - \sigma_2}{\varepsilon_1 - \varepsilon_2}$$

三、实验仪器与试样

1. 仪器

WD-100 型万能材料试验机、游标卡尺一把。

2. 试样

聚氯乙烯（PVC）型材、聚丙烯（PP）样条各 5 块。

规格尺寸：（80±0.5）mm 长，（10±0.5）mm 宽，（4±0.2）mm 厚。

四、实验步骤

1. 熟悉万能材料试验机的结构、操作规程和注意事项。

2. 用游标卡尺测量试样的长、宽和高，精确至 0.02mm。

3. 启动万能材料试验机，预热半小时，调整机器，设定相应的实验参数，静态压缩最大载荷选用 25kN 的挡位；下压速度选用 5mm/min。

4. 测试条件的各项参数设定完毕之后，放上已经准备好的标准样品，确定实验所用样品放在两压板之间，使试样的中心线与两压板表面的中心线重合，使压板表面与试样的端面相接触，并确保试样端面与压板表面相平行，以此作为测试压缩变形的零点；启动下降按钮，试验机压头以 5mm/min 的速度下移，当压头接触到试样后，计算机开始自动记录试样所受的实际载荷及其产生的位移数据；直至试样断裂为止，停机。

5. 处理数据，作压缩载荷-位移曲线图。

五、实验结果及数据处理

实验结果记录表

样条编号	压缩强度σ/MPa	压缩应变ε/%	压缩模量E/MPa
1			
2			
3			
4			
5			
标准偏差			

实验五

塑料邵氏硬度的测定

一、实验目的

1. 了解塑料硬度的概念及表示方法。
2. 掌握邵氏硬度测量的基本原理及测量方法。

二、实验原理

硬度是物质保持其本身形状不变的性质。塑料的硬度通常是指塑料材料抵抗一种被视为不发生弹性和塑性变形的刚性物质对它压入力的能力，其数值大小可认为是塑料软硬程度有条件的定量反映。塑料硬度虽然没有像金属材料硬度与其他力学性能之间有固有的对应关系，但是其硬度仍然是材料研究质量控制和产品检验等的一项重要指标。

硬度测试的方法很多，按加载方式的不同可分为动载法和静载法两种，其中静载法较为常用。塑料硬度的测量过去大都借用金属材料硬度测试方法，如布氏、洛氏、维氏、巴氏和邵氏等。这些方法的基本原理都是用一定直径的钢球或钢针压痕器，平稳地压入试样，卸载后用压痕面积或压痕深度或穿透能力来表征材料硬度的大小。塑料与金属材料不同，金属材料在卸载后，压痕的恢复可以忽略不计，而塑料由于具有高分子材料的黏弹及松弛特性，其卸载后的弹性恢复是不可忽略的。因此，用金属硬度计测量塑料的硬度是不科学的，由此也就提出了塑料及其他高分子材料在载荷作用下直接测量压痕的硬度的测定的方法。

邵氏硬度计，是测定硫化橡胶和塑料制品硬度的仪器。其具有结构简单、使用方便、型小体轻、读数直观等特点，产品符合相关标准的要求，既可以随身携带手持测量，也可以装置在配套的邵氏硬度计测试机架上使用。邵氏硬度计是将规定形状的压针在标准的弹簧力下压入试样，把压针压入试样的深度转换为硬度值。

邵氏硬度计有指针式和数显式两种，型号有邵氏 A 型、C 型和 D 型，其区别在于测量硬度的范围不同。

① 邵氏 A 型硬度计，主要用于塑料、合成橡胶及其他相关化工制品（皮革、多元脂、蜡等）的硬度测量，用 H_A 表示。

② 邵氏 C 型硬度计主要用于测定压缩率为 50% 时应力为 $0.5kg/cm^2$ 以上的由发泡剂制成的橡塑微孔材料硬度，也可用于类似硬度的其他材料，用 H_C 表示。

③ 邵氏 D 型硬度计适用于一般硬橡胶、硬树脂、有机玻璃（俗称亚克力）、玻璃、热塑性塑料、印刷板、纤维等高硬度材料的硬度测试，用 H_D 表示。

A 型和 D 型邵氏硬度计主要由读数度盘、压针、下压板及给压针施加压力的压力弹簧组成。压针的尺寸及其精度如图 2-5-1 所示。

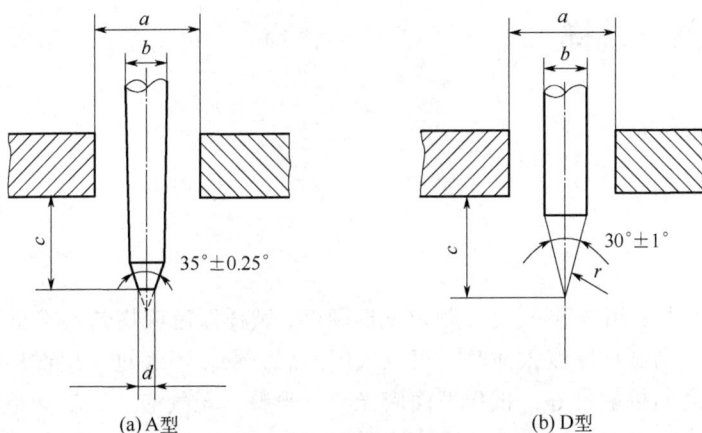

图 2-5-1 邵氏 A 型和 D 型硬度计压针

$a—\phi(3.00\pm0.50)mm$；$b—\phi(1.25\pm0.15)mm$；$c—\phi(2.50\pm0.04)mm$；$d—\phi(0.79\pm0.03)mm$；$r—\phi(0.1\pm0.012)mm$

（1）读数度盘 度盘为 100 分度，每一分度相当于一个邵氏硬度值。当压针端部与下压板处于同一平面时，即压针无伸出，硬度计度盘指示为 100，当压针端部距离下压板（2.50 ± 0.04）mm 时，即压针完全伸出，硬度计度盘应指示为 0。

（2）压力弹簧 压力弹簧对压针所施加的力应与压针伸出压板位移量有恒定的线性关系。其大小与硬度计所指刻度的关系如下所示。

A 型硬度计：

$$F_A = (56 + 7.66)H_A(\text{gf})$$

或

$$F_A = (549 + 75.12)H_A(\text{mN})$$

D 型硬度计：

$$F_D = 45.36H_D(\text{gf})$$

或

$$F_D = 444.83H_D(\text{mN})$$

式中，F_A、F_D 分别为弹簧施加于 A 型和 D 型硬度计压针上的力，mN 或 gf；H_A、H_D 分别为 A 型硬度计和 D 型硬度计的读数。

（3）下压板 为硬度计与试样接触的平面，它应有直径不小于 12mm 的表面，在进行硬度测量时，该平面对试样施加规定的压力，并与试样均匀接触。

（4）测定架　应备有固定硬度计的支架、试样平台（其表面应平整、光滑）和加载重锤。实验时硬度计垂直安装在支架上，并沿压针轴线方向加上规定质量的重锤，使硬度计下压板对试样有规定的压力。对于邵氏 A 型为 1kg，邵氏 D 型为 5kg。

硬度计的测定范围为 20～90，当试样用 A 型硬度计测量硬度值大于 90 时，改用邵氏 D 型硬度计测量，用 D 型硬度计测量硬度值低于 20 时，改用 A 型硬度计测量。

硬度计的校准：在使用过程中压针的形状和弹簧的性能都会发生变化，因此对硬度计的弹簧压力、压针伸出最大值及压针形状和尺寸应定期检查校准。推荐使用邵氏硬度计检定仪校准弹簧力。压针弹簧力的检定误差，A 型硬度计要求偏差在 ±0.4g 之内，D 型硬度计偏差在 ±2.0g 以内。若无邵氏硬度计检定仪，也可用天平秤来校准，只是被测得的力应等于硬度与所指刻度关系式所计算的力（A 型偏差 ±8g，D 型偏差 ±45g）。

三、实验仪器与试样

1. 仪器设备

邵氏 A 型硬度计。

2. 试样

聚丙烯块状材料：用 A 型硬度计测定试样硬度，试样厚度应均匀且不小于 3mm。除非产品标准另有规定。当试样厚度太薄时，可以采用两层、最多不超过三层试样叠合成所需的厚度，并保证各层之间接触良好。试样表面应光滑、平整、无气泡、无机械损伤及杂质等。试样大小应保证每个测量点与试样边缘距离不小于 12mm，各测量点之间的距离不小于 6mm。试样可以加工成 50mm×50mm 的正方形或其他形状。每组试样的测量点不少于 5 个，可在一个或几个试样上进行。

四、实验步骤

1. 将硬度计垂直安装在硬度计支架上，用厚度均匀的玻璃平放在试样台上，在相应的重锤作用下使硬度计下压板与玻璃完全接触，此时读数度盘指针应指示100，当指针完全离开玻璃片时，指针应指示 0。允许最大偏差为 ±1 个邵氏硬度值。

2. 将待测试样置于测定架的试样平台上，使压针头离试样边缘至少12mm，平稳而无冲击地使硬度计在规定重锤的作用下压在试样上，下压板与试样完全接触15s 后立即读数。如果规定要瞬时读数，则在下压板与试样完全接触后 1s 内读数。

3. 在试样上相隔 6mm 以上的不同点处测量硬度至少 5 次，取其平均值。

注意：如果实验结果表明，不用硬度计支架和重锤也能得到重复性较好的结果，也可以用手压紧硬度计直接在试样上测量硬度。

五、实验结果及数据处理

从读数度盘上读取的分度值即为所测定的邵氏硬度值。用符号 H_A 表示用邵氏 A 型硬度计测定的硬度。如：用邵氏 A 型硬度计测得硬度值为 50，则表示为 H_A50。实验结果以一组试样的算术平均值表示。

实验结果记录表

测量次数	第一次	第二次	第三次	第四次	第五次	平均值	标准偏差 S
邵氏硬度值							

六、思考题

1. 硬度实验中为何对操作时间要求严格？
2. 如何定义和表示邵氏硬度 A？与金属材料的硬度测量相比有何特点？
3. 影响邵氏硬度 A 硬度实验的因素有哪些？实验中如何保证测试结果的准确性？

实验六

塑料剪切性能的测定

一、实验目的

1. 了解塑料剪切强度的概念及表示方法。
2. 掌握压缩穿孔法测试塑料剪切强度的基本原理及方法。

二、实验原理

试样在受剪切力的作用时，作用在试样两侧面上外力的合力大小相等，方向相反，作用线相隔较远，并将各自推着所作用的试样部分沿着与合力作用线平行的受剪面发生位移，直至试样破坏为止。层间剪切强度（τ）计算公式如下：

$$\tau = \frac{F}{\pi D d}$$

式中，τ 为剪切强度，MPa；F 为最大剪切负荷，N；D 为穿孔器直径，mm；d 为试样厚度，mm。

本方法为纯双面压缩剪切实验方法，采用圆形穿孔器通过压缩剪切的方式（《塑料剪切强度试验方法　穿孔法》HG/T 3839—2006），如图 2-6-1，将剪切负荷施加于试样，使试样产生剪切变形或破坏，以测定塑料的剪切强度。施加负荷时，穿孔器向下运行，使试样的受压部分与下模支撑部分产生方向相反的剪切力，并使试样的受压部分与试样分离，产生剪切破坏。

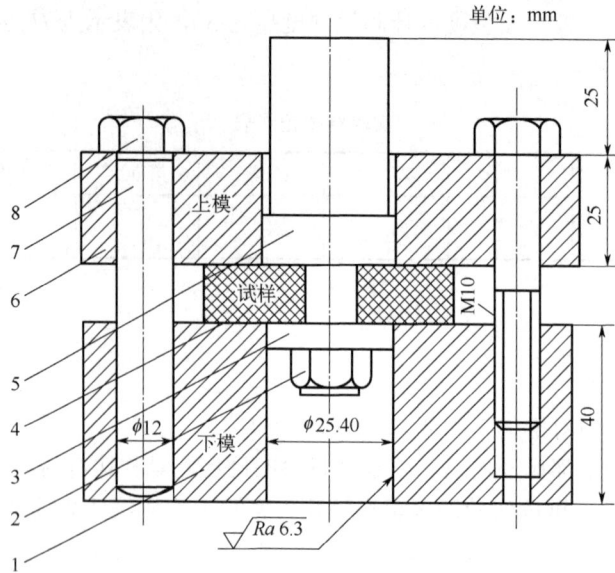

单位：mm

图 2-6-1　穿孔式剪切夹具和实验装置示意图

1—下模；2—螺母；3—垫圈；4—试片；5—穿孔器；6—上模；7—模具导柱；8—螺栓

三、实验仪器与试样

1. 仪器

任何一种能使十字头恒速运动，有自动对中和变形测量装置，可做压缩实验的试验机均可使用。

2. 试样

（1）试样厚度应均匀，表面光洁、平整、无机械损伤及杂质。

（2）试样采用注塑、压塑或挤塑成型方法，也可从成型板材上切取并经机械加工的方法取得。

（3）试样是边长为 50mm 的正方形或直径为 50mm 的板，厚度为 1.0～12.5mm，中心有一直径为 11mm 的孔，见图 2-6-2，仲裁试样厚度为 3～4mm。

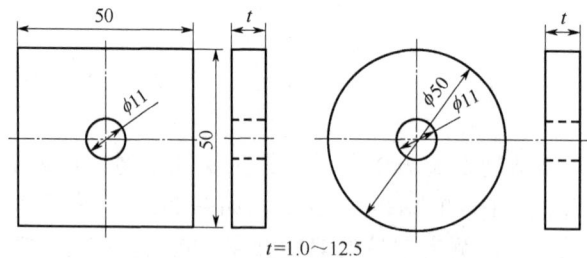

t=1.0～12.5

图 2-6-2　标准试样尺寸

图中数据单位为 mm

（4）PVC 样品，每组试样不少于 5 个。

四、实验步骤

1. 在试样受剪切部位均匀取 4 点测量厚度，精确至 0.01mm，取平均值为试样厚度。

2. 实验速度为 1mm/min。

3. 将穿孔器插入试样的圆孔中，放上垫圈用螺帽固定。然后把穿孔器装在夹具中，再将夹具用四个螺栓均匀固定，以使试样在实验过程中不产生弯曲。

4. 安装夹具时，应使剪切夹具的中心线与试验机的中心线重合。

5. 启动试验机，对穿孔器施加压力，记录最大负荷（或破坏负荷、屈服负荷、定变形率负荷）。需要时可记录变形，然后卸去压力取出试样。

五、实验结果及数据处理

样条编号	厚度 d/mm	剪切强度 τ/MPa
1		
2		
3		
4		
5		
标准偏差		

实验七

塑料疲劳性能的测定

一、实验目的

1. 了解塑料疲劳性能的概念及表示方法。
2. 掌握塑料疲劳性能测试的基本原理及方法。

二、实验原理

1. 定义

疲劳：材料在交变的周期性应力或频繁的重复应力作用下，力学性能减弱或破坏的过程称为疲劳。引起疲劳的载荷形式：拉伸、弯曲、压缩、扭转等。

疲劳破坏：疲劳的破坏过程是材料内部薄弱区域组织在变动应力作用下，逐渐发生变化和损伤积累、开裂，当裂纹扩展到一定程度后发生突然断裂的过程，是一个从局部区域开始的损伤累积，最终引起整体破坏的过程。疲劳破坏过程可以分成裂纹萌生、裂纹扩展和最终断裂三个部分。材料的刚度下降到规定的值时称为疲劳破坏。

塑料的耐疲劳性可用疲劳寿命曲线和疲劳极限来表征。

疲劳寿命：在规定循环应力或应变下，试样疲劳破坏所经受的应力或应变循环次数，用 N 表示。

疲劳极限：试样在疲劳实验中经过无数次循环而不破坏的最大应力值或应变值。许多塑料不存在疲劳极限，一般用循环次数达到 10^7 次而试样尚有 50%不破坏情况下的应力表示疲劳极限。

疲劳寿命曲线（S-N）：对试样施加一个规定的交变载荷（S），并且记录下产生破坏所需的循环次数（N）；对同样尺寸的一组试样施加不同交变载荷进行实验，得到一组点（每个 S 值对应一个 N 值），绘制出 S-N 曲线。

2. 原理

ASTM D7791—2022 标准下的塑料单轴疲劳性能测试，是在弹性范围内、应力和应变水平低于材料比例极限的条件下进行的动态疲劳性能测试。通过单轴加载系统对塑料试样施加周期性的拉伸或压缩载荷，模拟实际使用中材料所承受的循环负载环境。在测试过程中，记录试样的应变或应力水平以及循环次数，同时监测试样的变形行为。通过绘制 S-N 曲线（应力-循环次数曲线），直观展示最大应力水平与失效循环次数之间的关系，进而分析材料的疲劳性能。

三、实验仪器与试样

1. 仪器

动态疲劳试验机：用于施加周期性的拉伸或压缩载荷，可设置所需的拉伸速率、载荷幅值、测试频率等参数，并能准确记录试样的应力、应变等数据。

高低温环境箱（可选）：若需测试不同温度下的塑料单轴疲劳性能，可使用高低温环境箱来控制测试环境的温度，确保试样在设定的温度条件下进行测试。

引伸计或压缩计：用于监测试样在测试过程中的变形情况，为后续的数据采集和分析提供准确的变形数据。

2. 试样

试样采用模塑成型和机械加工而成，使加工中发热量最小，表面光洁。在打磨时，必须沿着试样的纵向方向，以磨去细小的刻痕或划痕。根据 ASTM D638—2014 等效标准制备样品。宽度：通常为 12.7mm 或 25.4mm；厚度：应在 1.0～14.0mm 之间；长度：至少为试样厚度的 10 倍，但不超过 508mm。

材质：待测塑料（如 PP、ABS、PC 等）。

预处理：在标准温湿度（23℃±2℃、50%±5%）下放置 24h 以消除内应力。

四、实验步骤

1. 试验机设置：将样品放入疲劳试验机中，确保其轴线的中心与加载轴线对齐。在试样上安装引伸计或压缩计，以监测变形情况。

2. 实验参数设置：测试频率通常为 1～25Hz，但推荐使用 5Hz 或更低的频率。对刚性或半刚性塑料样品进行强度加载，模拟实际使用中的高应力条件。

3. 应力或应变水平：所有应力水平均不得超过材料的比例极限。选定应力水平对应的载荷可通过以下公式计算：

$$P=\sigma A$$

式中　P ——载荷，N；

　　　σ ——应力水平，MPa；

　　　A ——标距段横截面积，mm^2。

初始应力设置：第一根试样的应力 $\sigma_1 = (0.6\sim0.7)\sigma_b$（$\sigma_b$ 为材料的静态拉伸强度）。记录试样在 N_1 次循环后失效的数据。

应力递减：取另一试样，使其应力 $\sigma_2 = (0.40\sim0.45)\sigma_b$。若其疲劳寿命 $N<10^7$ 次循环，则应降低应力再做测试；直至在 σ_2 作用下，$N_2>10^7$ 次循环，此时材料的疲劳极限为 σ_2。

等差应力水平：在 σ_1 与 σ_2 之间插入 4～5 个等差应力水平，分别记为 σ_3、σ_4、σ_5、σ_6。逐级递减进行实验，记录相应的失效循环次数 N_3、N_4、N_5、N_6。

4. 记录每个试样的应力、应变、循环次数以及变形行为。

五、实验结果及数据处理

1. 以 $\lg N$ 为横坐标，σ 为纵坐标，绘制 S-N 曲线。

2. 根据疲劳寿命曲线，评估材料的疲劳性能指标，如疲劳寿命、疲劳极限等。

3. 对不同批次或不同材料的试样进行对比分析，评估不同材料之间的疲劳性能差异。

实验八

塑料耐撕裂性能的测定

一、实验目的

1. 掌握冲片机裁切 PVC 制品的基本操作。
2. 掌握测定制品的直角撕裂强度的方法。

二、实验原理

撕裂性能是橡塑制品一项重要的物理性能，制品在使用过程中会被破坏，其中橡胶制品表面受到尖锐物撞击划破产生裂口是重要的原因之一。故为了反映橡胶制品这方面的性能采用撕裂强度大小来表征制品耐撕裂性的好坏。目前国际上关于撕裂的实验方法很多，试样形状也不同。我国采用的撕裂方法有两种，即起始型撕裂实验和延续型撕裂实验。直角撕裂强度属起始型撕裂，是在材料试验机上测定在一定速度拉伸下试样直角部位被撕裂时的负荷，然后计算其撕裂强度。

三、实验仪器与试样

1. 仪器

CPJ-25 冲片机；电子拉力机 CMT6104。

2. 试样

PVC 制品若干，按规定形状及尺寸裁成实验用样条形状，见图 2-8-1。

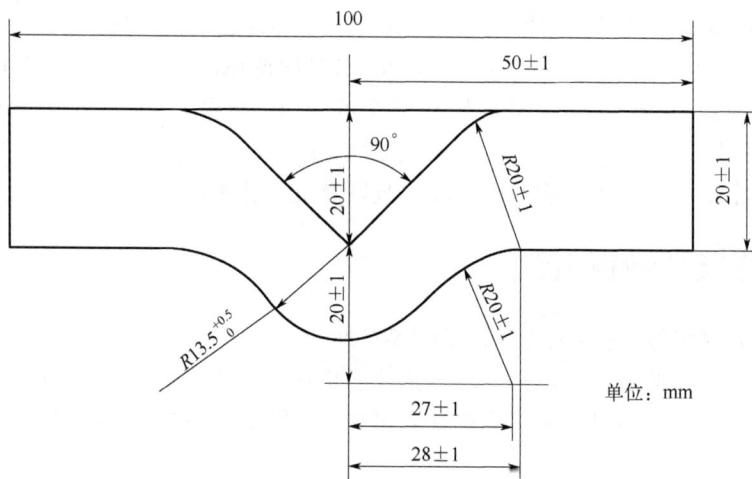

图 2-8-1　实验样条形状

四、实验步骤

1. 用厚度计测量试样直角部位的厚度和宽度，精确到 0.01mm。
2. 把试样对称并垂直地夹在拉力机的上下夹具上，以（500±10）mm/min 的下降速度拉伸，直到试样撕断为止，记录此时最高负荷 P。
3. 计算撕裂强度，并分析影响撕裂强度的因素。

五、实验结果及数据处理

撕裂强度即单位厚度所承受的负荷。计算公式如下：

$$\phi_s = \frac{P}{H}$$

式中，ϕ_s 为起始型撕裂强度，kN/m；P 为试样撕裂时最高负荷，kN；H 为试样直角的割口部位厚度，m。

实验九
塑料摩擦和磨损性能的测定

一、实验目的

1. 熟悉往复式摩擦磨损试验机的结构、实验原理和操作方法。
2. 掌握摩擦系数、磨损量的测定方法。
3. 比较不同材料的摩擦磨损性能，并分析其原因。

二、实验原理

摩擦磨损是工业生产中普遍存在的现象，凡是具有相对运动的摩擦副，其间必然会伴随有摩擦和磨损现象。影响材料摩擦与磨损的因素很多，如压力、运动速度、工件表面质量、润滑剂及材料性能等。所以材料的摩擦磨损特性并不是材料固有的，而是摩擦条件与材料性能的综合特性。

摩擦磨损试验机的种类很多，一般由加力装置、摩擦力测量机构及摩擦副相对运动驱动机构等部分组成。现以往复式摩擦磨损试验机为例，介绍摩擦磨损试验机的结构及测试原理。

摩擦副由上试样和下试样组成；上试样与下试样间的往复运动由电机带动偏心轮的旋转而实现。往复运动的振幅可通过偏心距进行调节。摩擦副间的压力通过砝码加载并由压力传感器进行测量；而摩擦副间的摩擦力通过摩擦力传感器进行测量，如图 2-9-1 所示。将压力、摩擦力和时间信号输入计算机中，便可得到摩擦系数随时间的变化曲线，如图 2-9-2 所示。

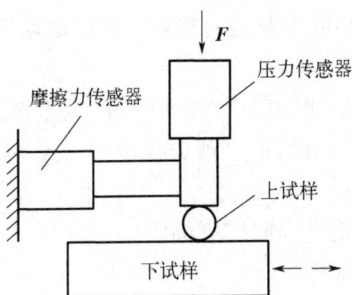

图 2-9-1　往复式摩擦磨损试验机的原理图　　　图 2-9-2　摩擦系数与时间的变化关系

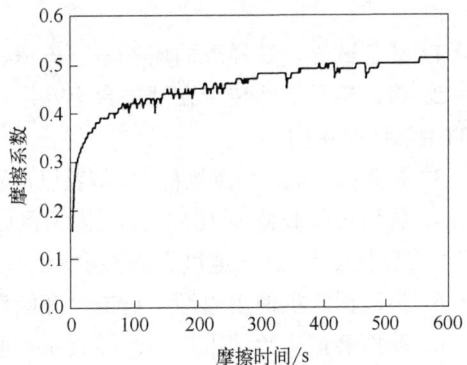

经过一定时间（或滑动距离）后，下试样（待测试样）表面将产生具有一定深度的磨痕

[图 2-9-3（a）]。利用表面形貌测试仪，在垂直于往复运动的方向上测量磨痕的微观形貌[图 2-9-3（b）]，确定磨痕的深度、截面积，将其与往复运动的振幅相乘得到磨损的体积。也可进一步由磨损体积求出材料的磨损量，根据磨损量的大小即可判断材料的耐磨性能。若在相同的时间（或距离）内磨损量愈大，表明材料的耐磨性能愈差。反之，则表明耐磨性愈好。

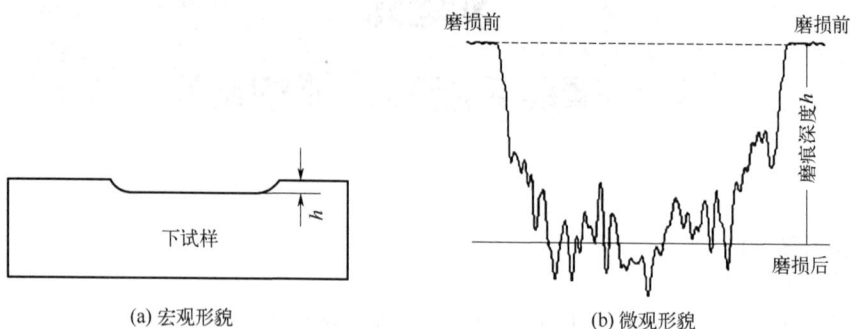

图 2-9-3　磨痕的宏观和微观形貌

三、实验仪器与试样

1. 仪器

微机控制的往复式摩擦磨损试验机，表面形貌测试仪。

2. 试样

（1）上试样　选用直径 $\phi 8mm$ 的 ZrO_2 球或 GCr15 钢球，实验载荷为 10N，往复运动振幅为 10mm，频率为 1Hz，测试周期为 20 min。

（2）下试样（待测试样）　选用聚四氟乙烯和尼龙等高分子材料；试样尺寸为 $\phi 30mm \times 10mm$。要求试样两表面平行，且测试前需要进行逐次打磨、抛光、清洗等处理。

四、实验步骤

1. 准备试样，试样表面应干净、光滑、均匀，不应有缺陷、裂痕、杂质等。

2. 将试样平稳地装卡在试验台上，并与安装上试样的卡具进行接触，保证运动过程中试样的接触情况相同。

3. 打开试验机专用测控程序，调整以使显示窗口上的"摩擦力""试验时间"处于零点位置。

4. 施加实验载荷为 10N，并在显示窗口上输入"试验时间""预加载荷""文件名""文件数""文件长度""试验速度"等参数。

5. 启动试验机的主电源，点击"开始"按钮，开始进行摩擦磨损实验。

6. 摩擦磨损实验结束后，卸掉载荷，取下上、下试样。

7. 利用表面形貌测试仪，在垂直于往复运动的方向上测定磨痕的微观形貌，计算磨痕的深度、磨损体积和磨损量。在磨痕的不同位置处测量 3～5 次，取其算术平均值。

8. 调整上试样的接触位置，装卡后进行下一个试样的摩擦磨损测试。

9.实验结束后，首先关闭试验机的主电源，然后退出试验机专用测控程序，并整理好实验台。

五、实验结果及数据处理

1. 根据实验数据，绘制出各种材料的摩擦系数-时间变化曲线。
2. 根据磨痕的微观形貌测试结果，计算材料的磨痕深度、磨损体积和磨损量。

六、注意事项

1. 进行摩擦磨损实验时，每一实验条件下的试样数量有 3~5 个。
2. 上、下试样的装卡和拆卸一定要认真仔细，不可过猛；试样卡紧后，方可进行实验。
3. 摩擦磨损实验过程中不应随意停机，不接触与碰撞摩擦力传感器和试验台。
4. 若是在润滑条件下进行摩擦磨损实验，必须在开机前对试样进行润滑。

七、思考题

1. 为什么说材料的摩擦磨损性能并不是材料固有的，而是摩擦条件与材料性能的综合特性？
2. 常用哪些方法测量材料的磨损量？如何表征材料的耐磨性？
3. 摩擦磨损试验机常由哪几部分组成？说明各部分的作用。

实验十

塑料动态力学性能的测定

一、实验目的

1. 了解聚合物黏弹特性，学会从分子运动的角度来解释高聚物的动态力学行为。
2. 了解聚合物动态力学分析（DMA）原理和方法，学会使用动态力学分析仪测定多频率下聚合物动态力学温度谱。

二、实验原理

高聚物是黏弹性材料之一，具有黏性和弹性固体的特性。它一方面像弹性材料具有贮存机械能的特性，这种特性不消耗能量；另一方面，它又像非流体静应力状态下的黏液，会损耗能量而不能贮存能量。当高分子材料形变时，一部分能量变成位能，一部分能量变成热而损耗。能量的损耗可由力学阻尼或内摩擦生成的热得到证明。材料的内耗是很重要的，它不仅是性能的标志，也是确定材料工业应用和使用环境条件的关键因素。

如果一个外应力作用于一个弹性体，产生的应变正比于应力，根据胡克定律，该比例常数就是该固体的弹性模量。形变时产生的能量由物体贮存起来，除去外力物体恢复原状，贮存的能量又释放出来。如果所用应力是一个周期性变化的力，产生的应变与应力同位相，过程也没有能量损耗。假如外应力作用于完全黏性的液体，液体产生永久形变，在这个过程中消耗的能量正比于液体的黏度，应变落后于应力90°，如图2-10-1（a）所示。聚合物对外力的响应是弹性和黏性两者兼有，这种黏弹性是由于外应力与分子链间相互作用，而分子链又倾向于排列成最低能量的构象。在周期性应力作用的情况下，这些分子重排跟不上应力变化，造成了应变落后于应力，而且使一部分能量损耗。图2-10-1（b）是典型的黏弹性材料对正弦应力的响应。正弦应变落后应力一个相位角。应力和应变可以用复数形式表示如下。

$$\sigma^* = \sigma_0 \exp(i\omega t)$$
$$\gamma^* = \gamma_0 \exp[i(\omega t - \delta)]$$

式中，σ_0 和 γ_0 为应力和应变的振幅；ω 是角频率；i 是虚数；σ^* 为复数应力；γ^* 为复数应变。用复数应力 σ^* 除以复数应变 γ^*，便得到材料的复数模量。模量可能是拉伸模量和切变模量等，这取决于所用力的性质。为了方便起见，将复数模量分为两部分，一部分与应力同位相，另一部分与应力差一个 90° 的相位角，如图 2-10-1（c）所示。对于复数切变模量：

$$E^* = E' + iE''$$
$$E' = |E^*|\cos\delta$$
$$E'' = |E^*|\sin\delta$$

式中，E' 为动态模量；E'' 为损耗模量。

显然，与应力同位相的切变模量给出样品在最大形变时的弹性贮存模量，而有相位差的切变模量代表在形变过程中消耗的能量。在一个完整周期应力作用内，所消耗的能量 ΔW 与所贮存能量 W 之比，即为黏弹性物体的特征量，叫作内耗。它与复数模量的直接关系为

$$\frac{\Delta W}{W} = 2\pi \frac{\Delta E''}{E'} = 2\pi\tan\delta$$

式中，$\tan\delta$ 为损耗角正切。

聚合物的转变和松弛与分子运动有关。由于聚合物分子是一个长链的分子，它的运动有很多形式，包括侧基的转动和振动、短链段的运动、长链段的运动以及整条分子链的位移，各种形式的运动都是在热能量激发下发生的。它既受大分子内链段（原子团）之间的内聚力的牵制，又受分子链间的内聚力的牵制。这些内聚力都限制聚合物的最低能位置。分子实际上不发生运动，然而随温度升高，不同结构单元开始热振动，当外加振动的动能接近或超过结构单元内旋转位垒的热能值时，该结构单元就发生运动，如移动等。大分子链的各种形式的运动都有各自特定的频率。这种特定的频率是由结构单元的热运动惯性矩所决定的。而各种形式的分子运动的开始发生便引起聚合物物理性质发生变化而导致转变或松弛，体现在动态力学曲线上就是聚合物的多重转变（如图 2-10-2 所示）。

线型无定形高聚物中，按温度从低到高的顺序排列，有 5 种可能经常出现的转变。

δ 转变：侧基绕着与大分子链垂直的轴运动。

γ 转变：主链上 2～4 个碳原子的短链运动——沙兹基（Schatzki）曲轴效应（如图 2-10-3）。

β 转变：主链旁较大侧基的内旋转运动或主链上杂原子的运动。

α 转变：由 50～100 个主链碳原子组成的长链段的运动。

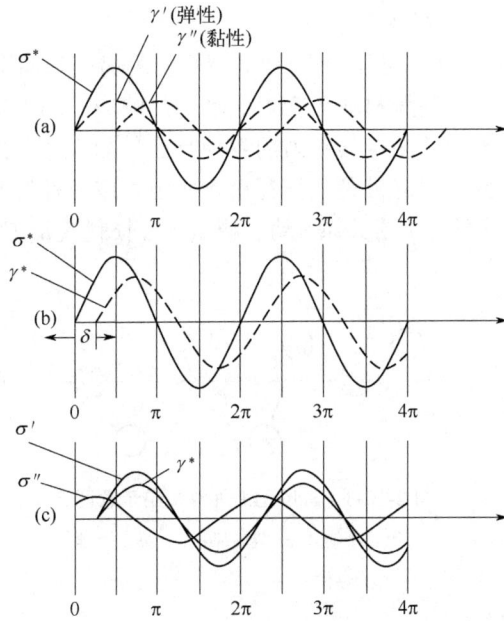

图 2-10-1　应力和应变相位角关系

T_ll转变：液-液转变，是高分子量的聚合物从一种液态转变为另一种液态，两种液态都是高分子整链运动，表现为膨胀系数发生拐折。

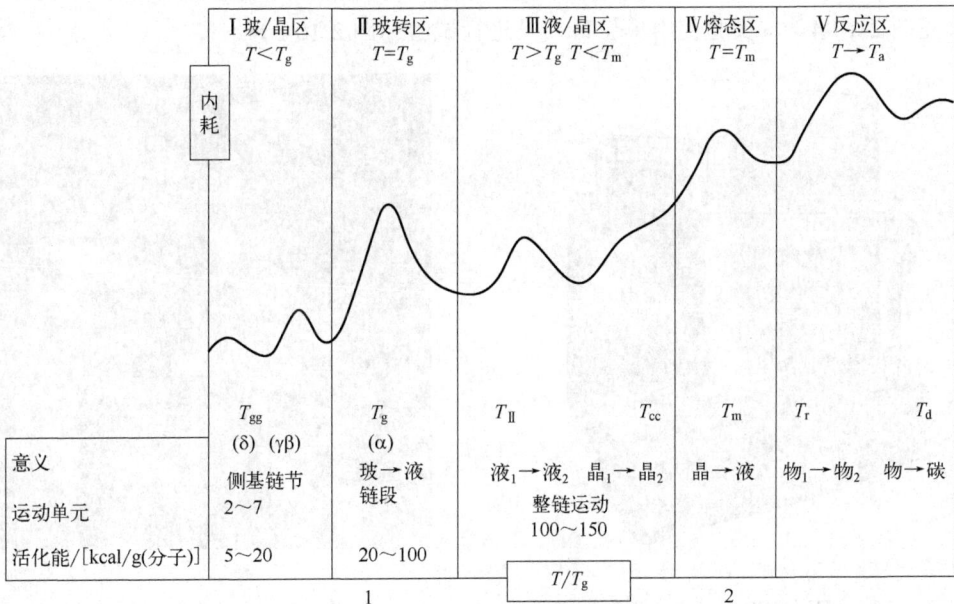

图 2-10-2　聚合物的多重转变示意图

1—第 1 个键；2—放转轴

注：1kcal=4184J

在半结晶高聚物中，除了上述 5 种转变外，还有一些与结晶有关的转变，主要转变如下。

T_m 转变：结晶熔融（一级相变）。

T_{cc} 转变：晶型转变（一级相变），是一种晶型转变为另一种晶型。

通常使用动态力学仪器来测量材料形变对振动力的响应、动态模量和力学损耗。其基本原理是对材料施加周期性的力并测定其对力的各种响应，如形变、振幅、谐振波、波的传播速度、滞后角等，从而计算出动态模量、损耗模量、阻尼或内耗等参数，分析这些参数变化与材料的结构（物理的和化学的）的关系。动态模量 E'、损耗模量 E''、力学损耗 $\tan\delta(=E''/E')$ 是动态力学分析中最基本的参数。

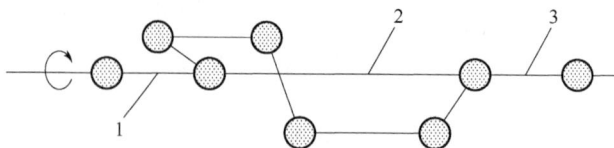

图 2-10-3 Schatzki 曲轴效应示意图

1—第 1 个键；2—旋转轴；3—第 7 个键

三、实验仪器与试样

1. 仪器

DMA Q800 动态力学分析仪（测量精度：负荷 0.0001N，形变 1nm，$\tan\delta$ 0.0001，模量 1%），见图 2-10-4。本实验使用单悬臂夹具进行试验（图 2-10-5）。

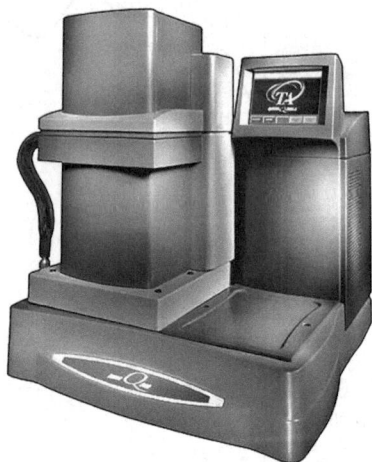

图 2-10-4 DMA Q800 动态力学分析仪

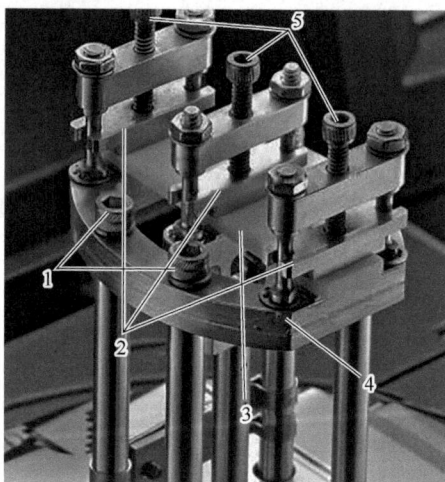

图 2-10-5 单悬臂夹具示意

1—六角螺母；2—可动钳；3—样品；

4—夹具固定部分；5—中央螺母

2. 试样

聚甲基丙烯酸甲酯（PMMA）长方形样条。试样尺寸要求：长 a=35～40mm；宽 b≤15mm；

厚 $c \leqslant 5mm$。准确测量样品的宽度、长度和厚度，各取平均值并记录数据。

四、实验步骤

1. 仪器校正（包括电子校正、力学校正、动态校正和位标校正，通常只作位标校正）：将夹具（包括运动部分和固定部分）全部卸下，关上炉体，进行位标校正（position calibration），校正完成后炉体会自动打开。

2. 夹具的安装、校正，按软件菜单提示进行。

3. 样品的安装：确定位置正中没有歪斜。对于会有污染、流动、反应、黏结等顾忌的样品，需事先做好防护措施。有些样品可能需要一些辅助工具才能有效地安装在夹具上。

4. 实验程序

（1）打开 DMA Q800 动态力学分析仪控制软件的"real time signal"（即时信号）视窗，确认最下面的"Frame Temperature"（框架温度）与"Air Pressure"（气压）都已"OK"（正常），若有接低温冷却系统（GCA）则需显示"GCA Liquid Level：XX%full"（GCA 液位：XX%满）。

（2）按"Furnace"键打开炉体，检视是否需安装或换装夹具。若是，请依标准程序完成夹具的安装。若要新换夹具，则重新设定夹具的种类，并逐项完成夹具校正［MASS/ZERO/COMPLIANCE（质量/零点/柔顺性）］。若沿用原有夹具，按"FLOAT"键，依要领检视驱动轴漂动状况，以确定处于正常。

（3）打开"Instrument Parameters"（仪器参数）视窗，逐项设定好各个参数。如数据取点间距、振幅、静荷力、自动应变、起始位移归零设定等。

（4）按下主机面板上面的"MEASURE"键，打开即时信号视窗，观察各项信号的变化是否稳定（特别是振幅），必要时调整仪器参数的设定值（如静荷力与自动应变），以使其达到稳定。确定好开始（Pre-view）后便可以按"Furnace"键关闭炉体，再按"START"键，开始正式进行实验。

（5）关机。

五、实验结果及数据处理

打开数据处理软件"thermal analysis"，进入数据分析界面。打开需要处理的文件，应用界面上各功能键从所得曲线上获得相关的数据，包括各个选定频率和温度下的动态模量 E'、损耗模量 E'' 以及阻尼或内耗 $\tan\delta$，列表记录数据。

六、思考题

1. 什么叫聚合物的力学内耗？聚合物力学内耗产生的原因是什么？研究它有何重要意义？

2. 为什么聚合物在玻璃态、高弹态时内耗小，而在玻璃化转变区内耗出现极大值？为什么聚合物在从高弹态向黏流态转变时，内耗不出现极大值而是急剧增加？

3. 试从分子运动的角度来解释 PMMA 动态力学曲线上出现的各个转变峰的物理意义。

实验十一

塑料低温脆化温度的测定

一、实验目的

1. 了解塑料低温脆化温度的概念及表示方法。
2. 掌握测试塑料低温脆化温度的基本原理及方法。

二、实验原理

塑料的刚性会随着环境温度的变化而变化，当温度降低到一定温度范围时，就表现出刚性，继而变脆。

本实验参考 GB/T 5470—2008 将一组试样以悬臂的形式固定在仪器的夹具上，并置于精确控制温度的低温介质中保持恒温，当达到某一预定的温度后，用规定的实验速度冲击试样，使试样沿规定半径的夹具下钳口圆弧弯曲成 90°，而后观察记录整组的试样破坏的百分数。通常把试样破坏概率为 50%时的温度定义为脆化温度，用 T_{50} 表示。选取合适的温度点进行测试，规定要至少选取 4 个温度点进行测试，并使这些温度点在 10%~90%的试样破坏范围内都有分布。每个温度点至少要测 25 个试样，记下每个温度点试样破坏百分数。

三、实验仪器与试样

1. 仪器

低温脆化试验仪。主要部件和结构有：低温浴、搅拌器、试样架装置、试样夹具和冲头。冲头：由马达、电磁离合器或其他适宜形式的装置驱动。见图 2-11-1。

冲头与试样夹具之间的尺寸关系如图 2-11-2 所示。

主要技术条件：冲头半径为（1.6±0.1）mm；夹具下钳口圆弧半径为（4.0±0.1）mm；冲头的外侧与夹具之间的间隙为（2.0±0.1）mm；冲头冲击点与夹具之间相距（3.6±0.1）mm；冲击时和冲击后 5mm 范围内实验速度为（200±20）cm/s。

2. 试样

采用试样切割机制备 PVC 试样，试样规格：长（20.0±0.25）mm，宽（2.5±0.05）mm，厚（20.0±0.25）mm，表面应平坦、光滑，无气泡、裂纹和其他明显的肉眼可见缺陷。

四、实验步骤

1. 每个实验温度点取 30 条试样，求取脆化温度的温度点数不得少于 4 个。

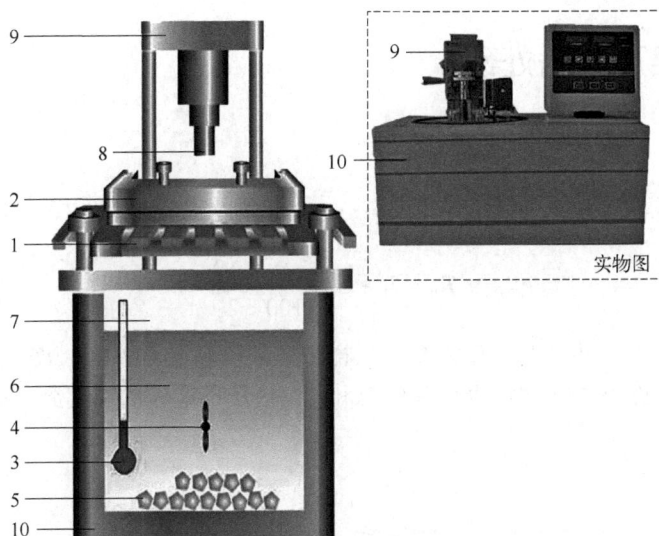

图 2-11-1　低温脆化试验仪

1—试样；2—夹具；3—温度计；4—搅拌器；5—干冰；6—传热介质；

7—浴槽；8—冲头；9—试验机；10—绝热箱体

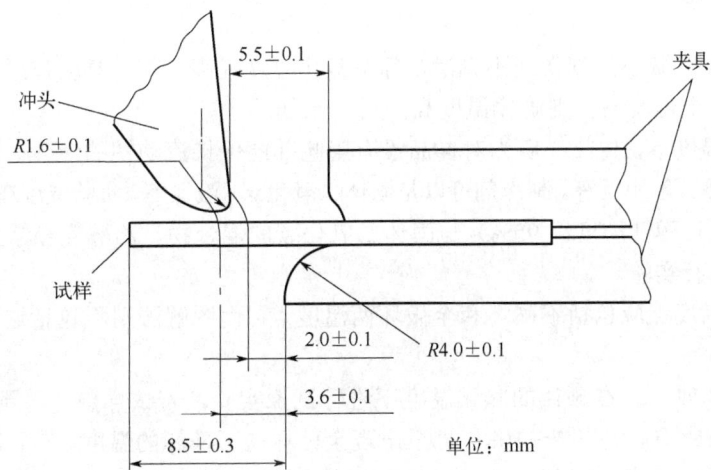

图 2-11-2　冲头和试样夹具之间的尺寸关系

2. 低温脆化试验仪测试

（1）开动试验机的搅拌器，在低温浴中加入适量制冷剂和液体传热介质，使浴温达到所需实验温度的 ±0.5K 范围内（液面距离顶部约 30mm）。

（2）将试样固定在夹具中，然后置于试验机的试样架上固定。注：切口试样，使试样侧面正中的切口位于与夹具下钳口圆弧相切的位置上。

（3）将试样架装置浸没在控制到所需实验温度的液体传热介质中保温 3min。

（4）启动试验机的冲头，冲击试样。

（5）从低温浴中取出试样，记录破坏试样数目，以试样冲成两段记为破坏。

（6）每次调节好所需实验温度，重复步骤（2）至步骤（5），直至求出温度点数不少于 4 个的试样破坏百分率。

五、实验结果及数据处理

1. 计算法

用每个实验温度下的实验破坏数目计算试样破坏百分率，然后按下式求取脆化温度：

$$T_{50} = T_{h} + \Delta T \left(\frac{S}{100} - \frac{1}{2} \right)$$

式中，T_{50} 为脆化温度，K；T_{h} 为全部试样破坏的最高温度，K；ΔT 为均匀升温的增量，K；S 为每个实验温度点试样破坏百分率的总和（包括从不破坏的温度到全破坏温度的破坏百分数的总和）。

2. 图解法

在概率坐标纸上以每个实验温度点的温度与对应的破坏百分率作图，并通过各点画一条最佳直线，取 50%破坏概率与直线相交点所对应的温度作为脆化温度。

六、注意事项

1. 样品表面有微小的划伤或不光滑，都使脆化温度提高。试样厚度较厚，也使脆化温度提高。冲头的打击速度高，则脆化温度高，反之则低。

2. 在实验温度下，传热介质为对样品没有影响并能保持流动性的液体。传热介质可以是乙醇、甲醇、二氯二氟甲烷等。制冷剂可以是固体二氧化碳、液氮等。实验温度在 203K（-70℃）以上推荐用工业乙醇（纯度约 95%）与固体二氧化碳的混合物。乙醇应经常更换，若有争议时，用新乙醇进行实验。

3. 计算法温度点应包括不破坏和全破坏两温度点，而图解法则不包括这两点。点间温度应间隔均等。

4. 开始实验时，先在预计的脆化温度下进行试探实验，若试样破坏与不破坏同时存在，则每次分别提高或降低温度 5～10K，直至出现全破坏与不破坏的温度。然后以这两个温度为范围，按 2K 或 5K 的等间隔进行实验，求取脆化温度。

实验十二

塑料热膨胀系数的测定

一、实验目的

1. 掌握热机分析仪的基本原理、仪器结构和使用方法。
2. 掌握热膨胀系数的概念以及测定方法。

二、实验原理

物体的体积或长度随着温度的升高而增大的现象称为热膨胀。它是衡量材料的热稳定性好坏的一个重要指标。热膨胀可分为体膨胀和线膨胀。当物体的温度从 T_1 上升到 T_2 时，其体积也从 V_1 变化为 V_2，则该物体在 $T_1 \sim T_2$ 的温度范围内，温度每上升一个单位，单位体积物体的平均增长量即为平均体膨胀系数。在讨论材料的热膨胀系数时，常常采用线膨胀系数，其意义是温度升高 1℃时单位长度上所增加的长度，单位为 cm/℃。目前，测定材料线膨胀系数的方法很多，有示差法（或称"石英膨胀计法"）、双线法、光干涉法、重量温度计法等。在所有这些测试方法中，示差法具有广泛的实用意义。

将试样装在装样管内并用顶杆压住试样，顶杆与位移传感器接触，在加热炉中，通过精密温度控制仪按规定的升温速率加热试样到实验最终温度，并经位移传感器测量加热过程中试样的线膨胀情况。按下式计算由室温至最终实验温度的各温度间隔的线膨胀系数 α：

$$\alpha(t_0;t) = \frac{1}{L_0} \times \frac{L - L_0}{t - t_0}$$

式中，t_0 为初始温度，℃；t 为实际（恒定或变化）的试样温度，℃；L_0 为受测玻璃试样在温度为 t_0 时的长度，mm；L 为温度 t 时的试样长度，mm。

若标称初始温度 t_0 为 20℃，则平均线膨胀系数就应表示为 $\alpha(20℃)$。膨胀系数实际上并不是一个恒定的值，而是随温度变化的，所以上述膨胀系数都是具有在一定温度范围内的平均值的概念，因此使用时要注意它适用的温度范围。

三、实验仪器与试样

1. 仪器

XYW-500B 型热机分析仪，见图 2-12-1。

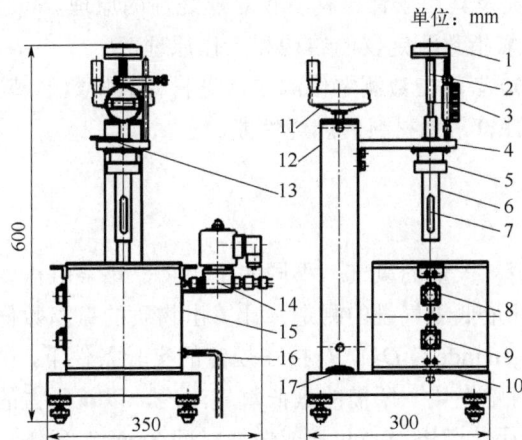

图 2-12-1　XYW-500B 型热机分析仪

1—砝码；2—加载杆；3—数显千分表；4—升降托板；5—吊筒安装螺母；6—吊筒；7—试样架；

8—电加热接线座；9—铂电阻接线座；10—炉定位座；11—升降手轮；12—立柱；13—温度传感器；

14—低温电磁阀；15—控温炉；16—制冷氮气出管；17—水准泡

2. 试样

有机玻璃（PMMA）：直径 4mm、长 35mm 的圆柱体，两端面平行且平整，并保证其端面与试样主轴垂直。

四、实验步骤

1. 将试样放入膨胀试样室内，调整支架将试样室放入高温炉中，装好位移传感器和感温探头。
2. 开启计算机，进入仪器使用界面，选择试验类型、载荷（0）、升温速率、最大变形量（0.5mm），调节试样架螺旋测微仪，使位移传感器在零点附近。
3. 点击"开始试验"按钮，仪器自动进行实验，并显示实验曲线。

五、实验结果及数据处理

1. 根据原始数据绘出待测材料的线膨胀曲线。
2. 按公式计算被测材料的平均线胀系数。

实验十三

塑料氧指数的测定

一、实验目的

1. 明确氧指数的定义及其用于评价材料相对燃烧性的原理。
2. 了解 YZS-100 型氧指数测定仪的结构和工作原理。
3. 掌握运用 YZS-100 型氧指数测定仪测定常见材料氧指数的基本方法。
4. 掌握运用氧指数评价常见材料的燃烧性能。

二、实验原理

物质燃烧时，需要消耗大量的氧气，不同的可燃物，燃烧时需要消耗的氧气量不同，通过对物质燃烧过程中消耗最低氧气量的测定，计算出物质的氧指数值，可以评价物质的燃烧性能。所谓氧指数（Oxygen index，OI），是指在规定的实验条件下，试样在氧氮混合气流中，维持平稳燃烧（即进行有焰燃烧）所需的最低氧气浓度，以氧所占的体积百分数的数值表示（即在该物质引燃后，能保持燃烧 50mm 长或燃烧时间 3min 时所需要的氧、氮混合气体中氧的最低体积百分比浓度），能非常有效地判断材料在空气中与火焰接触时燃烧的难易程度。一般认为，OI<27 的属易燃材料，27≤OI<32 的属可燃材料，OI≥32 的属难燃材料。YZS-100 型氧指数测定仪，就是用来测定物质燃烧过程中所需氧的体积百分比。该仪器适用于塑料、橡胶、纤维、泡沫塑料及各种固体的燃烧性能的测试。

氧指数的测试方法，就是把一定尺寸的试样用试样夹垂直夹持于透明燃烧筒内，其中有按一定比例混合的向上流动的氧氮气流。点着试样的上端，观察随后的燃烧现象，记录持续燃烧时间或燃烧过的距离，试样的燃烧时间超过 3min 或火焰前沿超过 50mm 标线时，就降低氧浓度，试样的燃烧时间不足 3min 或火焰前沿不到标线时，就增加氧浓度，如此反复操作，从上下两侧逐渐接近规定值，至两者的浓度差小于 0.5%。氧指数法是在实验室条件下评价材料燃烧性能的一种方法，它可以对窗帘幕布、木材等许多新型装饰材料的燃烧性能给出准确、快捷的检测评价。需要说明的是氧指数法并不是唯一的判定条件和检测方法，但它的应用非常广泛，已成为评价燃烧性能级别的一种有效方法。

三、实验仪器与试样

1. 仪器

YZS-100 型氧指数测定仪，秒表。氧指数测定仪由燃烧筒、试样夹、流量控制系统及点火器组成，见图 2-13-1。

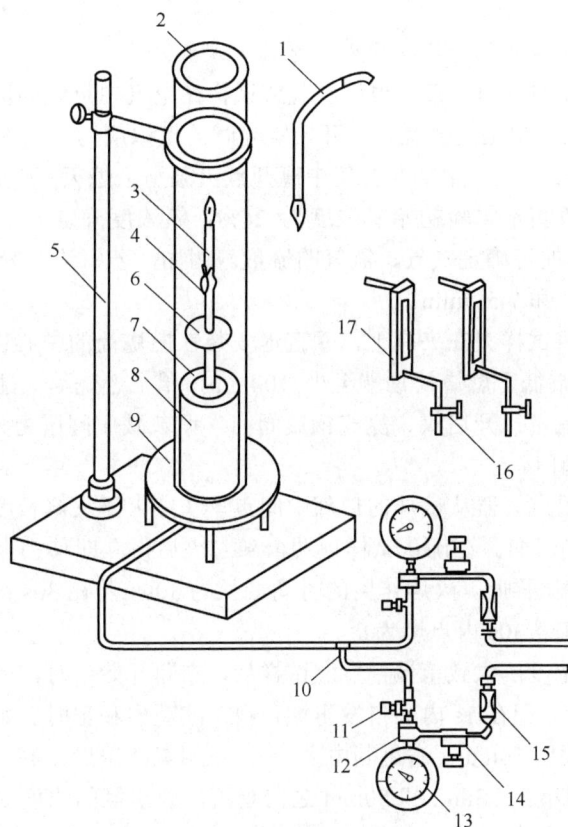

图 2-13-1　氧指数测定仪示意图

1—点火器；2—玻璃燃烧筒；3—燃烧着的试样；4—试样夹；5—燃烧筒支架；6—金属网；7—测温装置；
8—装有玻璃珠的支座；9—基座架；10—气体预混合结点；11—截止阀；12—接头；13—压力表；
14—精密压力控制器；15—过滤器；16—针阀；17—气体流量计

燃烧筒为一耐热玻璃管，高 450mm，内径 75～80mm，筒的下端插在基座上，基座内填充直径为 3～5mm 的玻璃珠，填充高度 100mm，玻璃珠上放置一金属网，用于遮挡燃烧滴落物。试样夹为金属弹簧片，对于薄膜材料，应使用 140mm×38mm 的 U 形试样夹。流量控制系统由压力表、稳压阀、调节阀、转子流量计及管路组成。流量计最小刻度为 0.1L/min。点火器是一内径为 1～3mm 的喷嘴，火焰长度可调，实验时火焰长度为 10mm。

2．试样

常见高分子材料 PMMA、PS（聚苯乙烯）、PVC 注塑标准样条。

（1）试样尺寸：120mm×(10±0.5)mm×(4±0.5)mm。

（2）试样数量：每组应制备 10 个标准试样。

（3）外观要求：试样表面清洁、平整光滑，无影响燃烧行为的缺陷，如气泡、裂纹、飞边、毛刺等。

（4）试样的标线：距离点燃端 50mm 处划一条刻线。

四、实验步骤

1．检查气路，确定各部分连接无误，无漏气现象。

2．确定实验开始时的氧浓度：根据经验或试样在空气中点燃的情况，估计开始实验时的氧浓度。如试样在空气中迅速燃烧，则开始实验时的氧浓度为 18% 左右；如在空气中缓慢燃烧或时断时续，则为 21% 左右；如在空气中离开点火源马上熄灭，则至少为 25%。根据经验，确定样条片材氧指数测定实验初始氧浓度为 26%。氧浓度确定后，在混合气体的总流量为 10L/min 的条件下，便可确定氧气、氮气的流量。例如，若氧浓度为 26%，则氧气、氮气的流量分别为 2.5L/min 和 7.5L/min。

3．安装试样：将试样夹在夹具上，垂直地安装在燃烧筒的中心位置上（注意要划 50mm 标线），保证试样顶端低于燃烧筒顶端至少 100mm，罩上燃烧筒（注意燃烧筒要轻拿轻放）。

4．通气并调节流量：开启氧、氮气钢瓶阀门，调节减压阀压力为 0.2～0.3MPa，然后开启氮气和氧气管道阀门。

5．点燃试样：用点火器从试样的顶部中间点燃（点火器火焰长度为 1～2cm），勿使火焰碰到试样的棱边和侧表面。在确认试样顶端全部着火后，立即移去点火器，开始计时或观察试样燃烧长度。点燃试样时，火焰作用的时间最长为 30s，若在 30s 内不能点燃，则应增大氧浓度，继续点燃，直至 30s 内点燃为止。

6．确定临界氧浓度的大致范围：点燃试样后，立即开始计时，观察试样的燃烧长度及燃烧行为。若燃烧终止，但在 1s 内又自发再燃，则继续观察和记时。如果试样的燃烧时间超过 3min，或燃烧长度超过 50mm（满足其中之一），说明氧的浓度太高，必须降低，此时实验现象记"×"，如试样燃烧在 3min 和 50mm 之前熄灭，说明氧的浓度太低，需提高氧浓度，此时实验现象记"O"。如此在氧的体积百分浓度的整数位上寻找这样相邻的四个点，要求这四个点处的燃烧现象为"OO××"。例如若氧浓度为 26% 时，烧过 50mm 的刻度线，则氧过量，记为"×"，下一步调低氧浓度，在 25% 做第二次实验，判断是否为氧过量，直到找到相邻的四个点为氧不足、氧不足、氧过量、氧过量，此范围即为所确定的临界氧浓度的大致范围。

7. 在上述测试范围内，缩小步长，从低到高，氧浓度每升高 0.4%重复一次以上测试，观察现象，并记录。

8. 根据上述测试结果确定氧指数 OI。

五、实验结果及数据处理

1. 实验数据记录

实验次数	1	2	3	4	5	6	7	8	9	10
氧浓度/%										
燃烧时间/s										
燃烧长度/mm	50	50	50	50	50	50	50	50	50	50
燃烧结果										

说明：燃烧结果即判断氧是否过量，氧过量记"×"，氧不足记"○"。

2. 数据处理

根据上述实验数据计算试样的氧指数值 OI，即取氧不足的最大氧浓度值和氧过量的最小氧浓度值两组数据计算平均值。

六、注意事项

1. 试样制作要精细、准确，表面平整、光滑。
2. 氧、氮气流量调节要得当，压力表指示处于正常位置，禁止使用过高气压，以防损坏设备。
3. 流量计、玻璃筒为易碎品，实验中谨防打碎。

七、思考题

1. 什么叫氧指数值？如何用氧指数值评价材料的燃烧性能？
2. YZS-100 型氧指数测定仪适用于哪些材料性能的测定？如何提高实验数据的测试精度？

实验十四

塑料燃烧性能实验

一、实验目的

1. 通过实验，掌握垂直、水平测定仪的使用方法。

2. 了解水平和垂直方向放置的试样用小火焰点燃后的燃烧性能。

二、实验原理

水平或垂直地夹住试样一端，如图2-14-1和图2-14-2所示，对试样自由端施加规定的气体火焰，通过测量先行燃烧速度（水平法）或有焰燃烧及无焰燃烧时间（垂直法）等来评价试样的燃烧性能。

有焰燃烧：在规定的实验条件下，移开点火源后，材料火焰持续燃烧。有焰燃烧时间：在规定的实验条件下，移开点火源后，材料火焰持续燃烧时间。

无焰燃烧：在规定的实验条件下，移开点火源后，当有焰燃烧终止或无焰产生时，材料保持辉光的燃烧。无焰燃烧时间：在规定的实验条件下，当有焰燃烧终止或移开点火源后，材料持续无焰燃烧的时间。

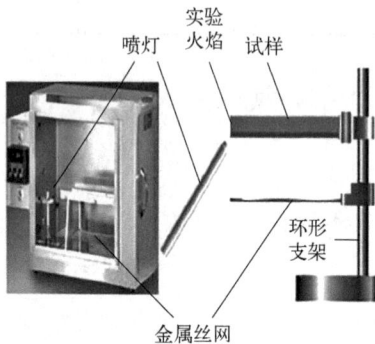

图 2-14-1　水平法

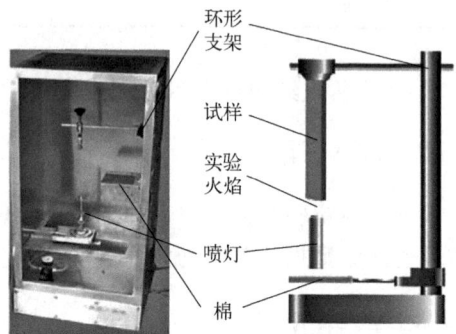

图 2-14-2　垂直法

三、实验仪器与试样

1. 仪器

实验室燃烧器（本生灯）：筒长为（100±10）mm，内径为（9.5±0.3）mm。燃料气体采用工业级甲烷气，能通过调节阀和压力表提供均匀的气流。

环形支架：带有夹具或其他相应装置，用来固定试样及其他附件，如金属网、支撑架等，并可调节试样位置。

支撑架：用于非自撑试样，可防止试样自由端下垂或弯曲，两支撑面呈45°夹角。

此外还有风柜和通风橱、计时装置、鼓风烘箱、干燥器。

2. 试样

（1）本实验方法适用于固体材料和表观密度不低于250kg/m³ 的泡沫材料，而不适用于接触火焰后没有点燃就强烈收缩的材料。本实验选用PVC泡沫塑料。

（2）试样尺寸和数量如表2-14-1。

表 2-14-1　试样尺寸和数量

方法	长/mm	宽/mm	厚/mm	每组（数量）
水平法	125±5	13±0.3	3.0±0.2	5
垂直法	130±3	13±0.3	3.0±0.2	5

（3）试样表面应清洁、平整、光滑，没有影响燃烧行为的缺陷，如气泡、裂纹、飞边和毛刺等。

四、实验步骤

1. 水平法

（1）在试样一端的 25mm 和 100mm 处，垂直于长轴划两条标线，在 25mm 标记的另一端，使其长轴呈水平，横截面轴线与水平方向成 45°位置夹住试样。在试样下部约 300mm 处放一个水盘。

（2）在离试样约 150mm 的地方点燃本生灯，调节燃气流量，使灯管在竖直位置时产生（20±2）mm 高的黄色火焰，然后打开空气进口阀，经调节确保本生灯产生（20±2）mm 高的蓝色火焰。

（3）当准备工作完成后，使灯管中心轴线与试样长轴方向底边处于同一铅直平面内，并向试样端部倾斜，与水平方向约成 45°角。调节本生灯位置，使试样自由端（6±1）mm 长度承受火焰，并以倒计时的方式显示施焰剩余的时间。

火焰前端通过 100mm 标线时，每个试样的线性燃烧速度 v，采用下式计算：

$$v = \frac{60L}{t}$$

式中　v ——线性燃烧速度，mm/s；

　　　L ——烧损长度，mm；

　　　t ——烧损 L 长度所用的时间，s。

注意：施加火焰时间未到 30s，火焰前沿已燃到 25mm 标线时，应立即停止施加火焰，重新计时。

材料的燃烧性能，按点燃后的燃烧行为，可分为下列四级（符号 FH 表示水平燃烧）：

FH-1：移开点火源后，火焰即灭或燃烧前沿未达到 25mm 标线。

FH-2：移开点火源后，燃烧前沿越过 25mm 标线，但未达到 100mm 标线。在 FH-2 级中，烧损长度应写进分级标志，如 FH-2-70mm。

FH-3：移开点火源后，燃烧前沿越过 100mm 标线，对于厚度在 3～13mm 的试样，其燃烧速度不大于 40mm/min；对于厚度小于 3mm 的试样，燃烧速度不大于 75mm/min。在 FH-3 级中，其燃烧速度也应写进分级标志，如 FH-3-30mm/min。

FH-4：除线性燃烧速度大于规定值外，其余与 FH-3 级相同，其燃烧速度也应写进分级标志，如 FH-4-60mm/min。

2. 垂直法

（1）用环形支架上的夹具夹住试样上端 6mm 处，使试样长轴保持铅直，并使试样下端距水平铺置的干燥医用脱脂棉层约为 300mm。撕薄的脱脂棉层尺寸为 50mm×50mm，其最大未压缩厚度为 6mm。

（2）在离试样约 150mm 的地方点燃本生灯，调节燃气流量，使灯管在竖直位置时产生（20±2）mm 高的黄色火焰，然后打开空气进口阀，经调节确保本生灯产生（20±2）mm 高的蓝色火焰。

（3）当准备工作完成后，将本生灯火焰对准试样下端面中心，并使本生灯管顶面中心与试样下端面距离保持为（10±1）mm，开始计时。点燃试样（10±0.5）s 后移开火源，记录试样余焰时间 t_1。试样余焰熄灭后，立刻按上述方法再施加火焰（10±0.5）s 后移开火源，分别记录试样余焰时间 t_2 和余辉时间 t_3。还要记录是否有任何颗粒从试样上落下并观察是否将棉垫引燃。

（4）结果表示。在自动状态下，本仪器可直接读出总的有焰燃烧时间（t_f）。当采用手动时，实验结果按下式计算：

$$t_f = t_{1i} + t_{2i}$$

式中，t_{1i} 为第 i 根试样第一次有焰燃烧时间，s；t_2 为第 i 根试样第二次有焰燃烧时间，s；i 取 1～5。

（5）结果的评定：实验结果按表 2-14-2 规定，将材料的燃烧性能归为 94V-0，94V-1，94V-2 三级。

表 2-14-2　垂直法测试样燃烧性能的分级标准

条件	级别		
	94V-0	94V-1	94V-2
每根试样的有焰燃烧时间（t_1+t_2）	≤10	≤30	≤30
对于任何状态调节条件，每组五根试样有焰燃烧时间总和 t_f	≤50	≤250	≤250
每根试样第二次施焰后的有焰加上无焰燃烧时间（t_2+t_3）	≤30	≤60	≤60
每根试样有焰燃烧或无焰燃烧蔓延到夹具的现象	无	无	无
滴落物引燃脱脂棉现象	无	无	有

实验十五

塑料膜透光率/雾度的测定

一、实验目的

1. 了解与掌握塑料膜透光率/雾度的测定原理与方法。

2. 测定塑料薄膜或纸张的雾度与透光率。

二、实验原理

塑料膜和纸张大量用于食品或物品的包装，而对于包装材料而言，膜材的透光率/雾度是重要的指标。透光率是透过试样的光通量和射到试样上的光通量之比（以百分数表示）。雾度（haze）则是透过试样而偏离入射光方向的散射光通量与透射光通量之比（以百分数表示），是透明或半透明材料光学透明性的重要参数。雾度越大意味着薄膜光泽以及透明度尤其是成像度下降。

不同材料的雾度特性有所不同：聚乙烯（PE）等结晶性聚合物所得薄膜，都具有一定的雾度特性；无定形聚合物所得薄膜，如 PC（聚碳酸酯）、PS（苯乙烯）和 PMMA（聚甲基丙烯酸甲酯）等，雾度为 0，不具有雾度特性；无定形聚合物混合体系薄膜，在组分间相容性好且折射率一致时会透明，但在组分间相容性不好或者折射率不一致时，将呈现雾度特性；结晶性聚合物混合体系薄膜，如果配比恰当且树脂品种匹配时将具有大的雾度，且远大于单组分体系薄膜的雾度，并且其雾度在很低的薄膜厚度时仍能有良好保持。

本实验采用标准"C"光源的一束平行光垂直照射到透明或半透明薄膜、片材、板材上，由于材料内部和表面造成散射，使部分平行光偏离入射方向，以偏离入射光方向大于 2.5° 的散射光通量与透过材料的光通量之比表示雾度。见图 2-15-1。

本实验所用透光率计/雾度测试仪，又名透光率仪、透光仪、透射率检测仪。透光率计/雾度测试仪主要用于测量各种玻璃、亚克力、薄膜、塑料以及其他透明及半透明物体的可见光透光率。它是一款便携式、智能数显的光透率测试器。其常见的型号有：卡式透光率仪 DR82 和分体式透光率仪 DRTG-81。

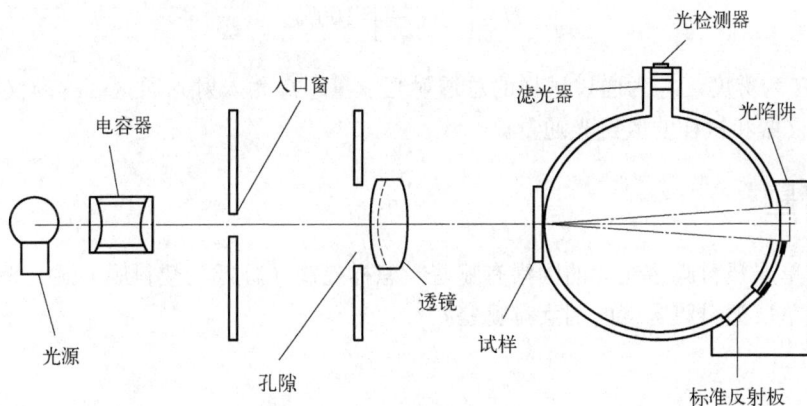

图 2-15-1　塑料膜透光率/雾度的测试原理

三、实验仪器与试样

1. 仪器

透光率计/雾度测试仪。

2. 试样

表面平整，无气泡、裂纹、分层、伤痕等缺陷的 PE 塑料膜或纸。

四、实验步骤

1. 按透光率计/雾度测试仪的试样要求裁切所测薄膜样品（50mm×50mm）。

2. 在仪器校准后，装上样品，按测试键，指示灯转为红光，不久就在显示屏上显示出透光率数值及雾度数值，记录该测试数据。

3. 需要进行复测时，可不拿下样品，直接重按测试键，获得多次测量数据，然后取其算术平均值作测量结果，以提高测量准确度。

4. 更换样品批号时，应先按测试键测空白，指示灯转红光，然后仪器将显示"P100.0"及"H0.00"结果，指示灯显示绿色。一般每测完一组样品应测一次空白，注意测空白后，应再按测试键，等到准备灯发绿光、仪器发出呼叫后，再测下一组样品。

五、实验结果及数据处理

对于每个试样，以百分数表示透光率，结果取平均值，精确到 0.1%。

$$T_t = \frac{T_2}{T_1} \times 100\%$$

式中，T_t 为透光率；T_2 为通过试样的总透射光通量；T_1 为入射光通量。

对于每个试样，以百分数表示雾度，结果取平均值，精确到 0.1%。

$$H = \left(\frac{T_4}{T_2} - \frac{T_3}{T_1} \right) \times 100\%$$

式中，H 为雾度；T_2 为通过试样的总透射光通量；T_1 为入射光通量；T_3 为仪器的散射光通量；T_4 为仪器和试样的散射光通量。

六、思考题

1. 影响单层塑料膜透光率的因素有哪些？怎样提高（降低）塑料膜的透光率？
2. 影响单层塑料膜雾度的因素有哪些？

第三章　橡胶性能表征实验

　　橡胶是唯一一种具有高弹性的材料,是人类使用的重要材料之一,已在交通运输、建筑、电子、航天、石油化工、地质勘探、农业、机械、军事、水利、气象、日常生活等领域得到了广泛的应用。几乎所有的橡胶制品都需要进行配方设计,都要通过混炼和硫化等加工工序。一个合格的橡胶制品,除了要求合格的原材料、好的配方外,还要求精确的加工和精密的测量,这几个环节中有一个做不好,就很有可能得不到合格的产品。橡胶制品配方设计的好坏,需要通过性能测试才能得到评价;加工过程是否精确,也需要通过性能测试加以证实和控制。掌握橡胶物性测试技术,提高测试技术水平,才能更好地进行配方设计和产品制造。橡胶性能表征实验这部分内容中介绍了多种橡胶性能的测试方法、测试设备、测试标准,为学生学习橡胶基本知识和理论与实践结合提供了技术平台,为广大橡胶工作者提供了必要的参考。

实验一
橡胶硫化特性曲线的测定

一、实验目的

　　1. 深刻理解橡胶的硫化特性及其意义。
　　2. 熟悉橡胶硫化仪的结构及工作原理。
　　3. 熟练操作硫化仪和准确处理硫化曲线。

二、实验原理

　　硫化是橡胶制备生产中最重要的工艺过程。在硫化过程中,橡胶经历了一系列的物理和化学变化,其力学性能和化学性能得到了改善,使橡胶材料成为有用的材料,因此硫化对橡胶及其制品是十分重要的。硫化胶性能随硫化时间的长短有很大变化,正硫化时间的选取,决定了硫化胶性能的好坏。测定正硫化程度的方法有三类:物理-化学法、物理性能测定法和专用仪器法。专用仪器法可用穆尼黏度计和各种硫化仪等进行测试,由于穆尼黏度计不能直接读出正硫化时间,因此大多采用硫化仪来测定正硫化时间。

1. 橡胶的硫化历程

橡胶的硫化历程可分为焦烧（硫化诱导期）、预硫化、正硫化和过硫化四个阶段。见图 3-1-1。

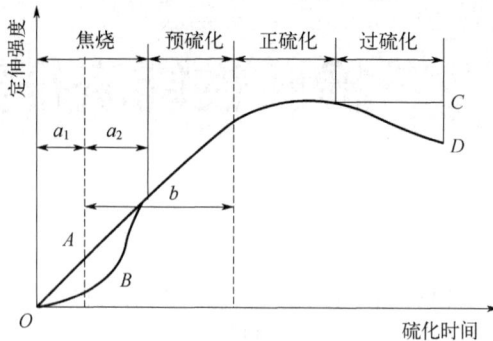

图 3-1-1　橡胶硫化历程

A—起硫快速的胶料；*B*—有延迟硫化特性的胶料；*C*—过硫后定伸强度继续上升的胶料；

D—具有返原性的胶料；a_1—操作焦烧时间；a_2—剩余焦烧时间；*b*—模型硫化时间

（1）焦烧阶段　是指橡胶在硫化开始前的延迟作用时间，在此阶段胶料尚未开始交联，胶料在模型内有良好的流动性。对于模型硫化制品，胶料的流动、充模必须在此阶段完成，否则就发生焦烧。

（2）预硫化阶段　焦烧期以后橡胶开始交联的阶段。随着交联反应的进行，橡胶的交联程度逐渐增加，并形成网状结构，橡胶的力学性能逐渐上升，但尚未达到预期的水平。

（3）正硫化阶段　橡胶的交联反应达到一定的程度，此时橡胶的各项力学性能均达到或接近最佳值，其综合性能最佳。

（4）过硫化阶段　正硫化以后继续硫化的阶段，此时往往氧化及热断链反应占主导地位，胶料会出现力学性能下降的现象。

由硫化的历程可以看到，橡胶处在正硫化时，其力学性能或综合性能达到最佳值，预硫化或过硫化阶段胶料性能均不好。达到正硫化所需的最短时间为理论正硫化时间，也称正硫化点。在正硫化阶段中，胶料的各项力学性能保持最佳，但其各项性能指标往往不会在同一时间达到最佳值，因此准确测定和选取正硫化点就成为确定硫化条件和获得产品最佳性能的决定因素。

从硫化反应动力学原理来说，正硫化应是胶料达到最大交联密度时的硫化状态，正硫化时间应由胶料达到最大交联密度所需的时间来确定。而在实际应用中是根据某些主要性能指标（与交联密度成正比）来选择最佳点，确定正硫化时间。

2. 硫化仪的工作原理

目前用转子旋转振荡式硫化仪来测定和选取正硫化点最为广泛。这类硫化仪能够连续地测定与加工性能和硫化性能有关的参数，包括初始黏度、最低黏度、焦烧时间、硫化速度、正硫化时间和活化能等。实验时，下模腔作一定角度的摆动，在温度和压力作用下，胶料逐渐硫化，其模量逐渐增加，模腔摆动所需要的转矩也成比例增加，这个增加的转矩值由传感器感受后，变成电信号再送到记录仪上放大并记录。因此硫化仪测定记录的是转矩值，由转矩值的大小来反映胶料的硫化程度，其原理归纳如下。

① 由于橡胶的硫化过程实际上是线性高分子材料进行交联的过程，因此用交联点密度的大小（单位体积内交联点的数目）可以检测出橡胶的交联程度。根据弹性统计理论可知：

$$G = vRT$$

式中，G 为剪切模量；v 为交联密度；R 为气体常数；T 为绝对温度。

故 G 与 v 成正比，只要求出 G 就能反映交联程度。

② G 与转矩 M 也存在一定的线性关系。从胶料在模腔中受力分析可知，转子由于作一定角度的摆动，对胶料施加一定的力使之变形，与此同时胶料将产生剪切力、拉伸力、扭力等。这些力的合力 F 对转子将产生转矩 M，阻碍转子的运动，而且随胶料逐渐硫化，其 G 也逐渐增加，转子摆动在定应变的情况下所需的转矩也成比例增加。

因此，由于 M 与 F、F 与 G、G 与 v 都存在着线性关系，故 M 与 v 也存在线性关系，因此测定橡胶转矩的大小就可反映胶料的交联密度。

3. 典型硫化曲线的分析和计算

硫化仪记录装置所绘出的曲线就是与剪切模量 G 成正比关系的转矩随时间的变化曲线，这个曲线通常叫作硫化曲线，一典型的硫化曲线如图 3-1-2 所示。

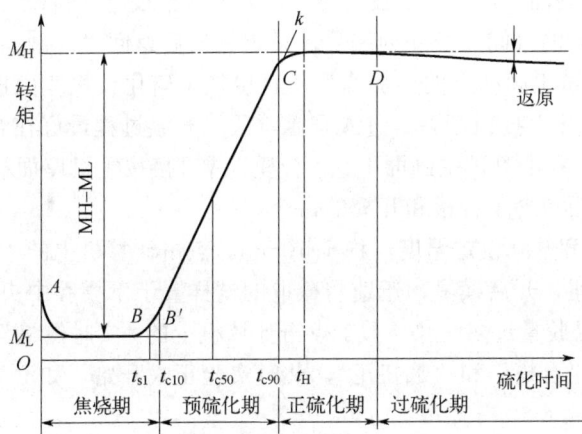

图 3-1-2　一典型硫化曲线

对硫化曲线常用平行线法进行解析，即通过硫化曲线最小转矩和最大转矩值，分别引平行于时间轴的直线，这两条平行线与时间轴的距离分别为 M_L 和 M_H，即 M_L 为最小转矩值，反映未硫化胶在一定温度下的流动性；M_H 为最大转矩值，反映硫化胶最大交联度。

一些硫化时间特性参数分别以达到一定转矩所对应的时间表示：

焦烧时间 t_{s1}——从实验开始到曲线由最低转矩上升 $1kg \cdot cm$ 所对应的时间；

起始硫化时间 t_{c10}——转矩达到 $M_L + 10\%(M_H - M_L)$ 时所对应的硫化时间；

正硫化时间 t_{c90}——转矩达到 $M_L + 90\%(M_H - M_L)$ 时所对应的硫化时间。

硫化速度指数计算公式为：

$$VC = \frac{100}{t_{c90} - t_{s1}}$$

三、实验仪器与试样

1. 仪器

GT-M2000-A 型无转子硫化实验机（高铁科技股份有限公司）。

2. 试样

（1）未硫化三元乙丙橡胶（EPDM）胶片在室温下停放 2h 即可进行实验（不准超过 10 天）。

（2）从无气泡的胶片上裁取直径约 30mm、厚度约 2mm 的圆片。

（3）试样不应有杂质、灰尘等。

四、实验步骤

1. 接通总开关，电源供电后打开主机右侧电源开关，指示灯亮。

2. 打开计算机，以鼠标双击桌面上硫化仪程序的图标，在系统显示"欢迎"画面后点击"进入"便进入测试主画面，点击"参数设定"进入"参数设定"窗口，在此设定好实验的温度、系统的量程、实验的时间以及序列编号，设定无误后返回"主画面"。

3. 以鼠标点击测试主画面上的"加温"或直接按下硫化仪机座面板上的"加热"按钮。此时上下模加热，"加热"按钮灯亮，进入升温阶段（升温过程最好在合模状态下进行），如未合模可先打开气源，点击测试主画面上的"合模"或直接按主机座面板上的"合模"。（注：主机上的"合模"按钮包含了合模和开模的命令。）

4. 待上、下模温度升到设定温度，稳定 10min。点击计算机上的"开模"或直接按主机面板上的"开模"按钮，开启模具，迅速将截取的试样置于下模腔中央，将两圆片上下垫两张方形塑料膜，防止溢胶量过多污染下模。点击计算机上的"实时测量"或主机面板上的"测量"键，主机将自动"合模"和"加扭矩"，此时实验正式开始。如测量时间有修改的必要，可于画面右下方修改。

5. 清理模腔及转子。在其他条件不变的情况下，同一种胶料分别以不同的温度作硫化特征实验。对天然橡胶，依次以 140℃、150℃、160℃、170℃和 180℃等温度测定其硫化特征曲线。

6. 实验完毕，结束程序，关掉电源，清洁现场。

五、实验结果及数据处理

上模温度/℃	下模温度/℃	扭矩/（N・m）	最大扭矩/（N・m）	最小扭矩/（N・m）

六、注意事项

1. 不得使金属工具接触模具型腔，取出转子时注意不得擦伤模具型腔和转子。
2. 清理模腔时不能有废料落入下模腔孔内。
3. 在测试时间内需终止实验，或实验已达到要求，可以通过微机控制系统停止测试。

七、思考题

1. 怎样获取理想的橡胶硫化曲线？
2. 什么是焦烧时间、正硫化时间？
3. 未硫化橡胶硫化特性曲线的测定有什么意义？

实验二

橡胶门尼黏度的测定

一、实验目的

1. 深刻理解门尼黏度的物理意义。
2. 了解门尼黏度仪的结构及工作原理。
3. 熟练掌握门尼黏度仪测定门尼黏度的方法。

二、实验原理

门尼黏度实验是用转动的方法来测定生胶、未硫化胶流动性的一种方法。

橡胶的加工过程，从塑炼开始到硫化完毕，都与橡胶的流动性有密切关系，而门尼黏度值正是衡量此项性能大小的指标。近年来门尼黏度计在国际上成为测试橡胶黏度或塑性的最广泛、最普及的一种仪器。

工作时，电机→小齿轮→大齿轮→蜗杆→蜗轮→转子，使转子在充满橡胶试样的密闭室内旋转，密闭室由上、下模组成，左上、下模内装有电热丝，其温度可以自动控制。转子转动时，对腔料产生力矩的作用，推动贴近转子的胶料层流动，模腔内其他胶料将会产生阻止其流动的摩擦力，其方向与胶料层流动方向相反，此摩擦力即是阻止胶料流动的剪切力，单位面积上的剪切力即剪切应力，与切变速率、黏度存在下述的关系，即适合非牛顿流体的幂律经验公式：

$$\tau = K\dot{\gamma}^n$$

式中，τ 为剪切应力；$\dot{\gamma}$ 为切变速率；K 为流动黏度；n 为流动指数（在一定的 $\dot{\gamma}$ 和温度下是常数）。

为了方便起见，将上式改写成下面的形式：

$$\tau = K\dot{\gamma}^n = K\dot{\gamma}^{n-1} \cdot \dot{\gamma}$$

设 $\eta_a = \dfrac{\tau}{\dot{\gamma}} = K\dot{\gamma}^{n-1}$，则 $\tau = \eta_a \dot{\gamma}$。

在模腔内阻碍转子转动的各点表观黏度 η_a 以及切变速率 $\dot{\gamma}$ 值随着转动半径不同而不同，故须采用统计平均值的方法来描述 η_a、τ、$\dot{\gamma}$，由于转子的转速是定值，转子和模腔尺寸也是定值，故 $\dot{\gamma}$ 的平均值对相同规格的门尼黏度计来说，就是一个常数，因此可知平均的表观黏度 η_a 和平均的剪切应力 τ 成正比。

在平均的剪切应力 τ 作用下，将会产生阻碍转子转动的转矩，其关系式如下：

$$M = \tau S L$$

式中，M 为转矩；τ 为平均剪切应力；S 为转子表面积；L 为平均的力臂长。

转矩 M 通过蜗轮、蜗杆推动弹簧板，使它变形并与弹簧板产生的弯矩和刚度相平衡，从材料力学可知，存在以下关系：

$$M = Fe = \omega\sigma = \omega E\varepsilon$$

式中，F 为弹簧板变形产生的反力；e 为弹簧板力臂长；ω 为抗变形断面系数；σ 为弯曲应力；ε 为弯曲变形量；E 为杨氏模量。

由上式可知，ω 和 E 都是常数，所以 M 与 ε 成正比。

综上所述，由于 $\eta_a \propto \tau \propto M \propto \varepsilon$，所以可利用差动变压器或百分表测量弹簧板变形量，来反映胶料的黏度大小。

三、实验仪器与试样

1. 仪器

EK-2000M 型门尼黏度仪（优肯科技股份有限公司）。

2. 试样

（1）丁基橡胶、天然橡胶等胶料加工后在实验室条件下停放 2h 即可进行实验，但不准超过 10 天。

（2）从无气泡的胶料上裁取两块直径约 45mm、厚度约 3mm 的橡胶试样，其中一个试样的中心打上直径约 8mm 的圆孔。

（3）试样不应有杂质、灰尘等。

四、实验步骤

1. 打开压缩机气源开关，检查并调节气压为 4.6kgf/cm² （1kgf/cm² = 98.0665kPa）。打开机台装配柜上总电源开关。启动计算机，打开操作系统软件。

2. 试样应在实验温度下停放至少 30min，并在 24h 内进行实验。

3. 根据试样选择转子，当所测试样的门尼黏度值大于 100 时，使用大转子，当所测试样的门尼黏度值小于 100 时，使用小转子。

4. 设定实验温度为 125℃、预热 1min、测试 8min；温度稳定 10min 后，将试样上下用玻璃纸垫好，放入下模腔内。按下"CLOSE"键，放下保温罩。

5. 如设定"自动监测实验开始"，则合模后，软件自动进入测试状态（若未设定自动监测开始，单击屏幕上的"测试开始"，进行测试）。

6. 测试完毕后，记录数据，打印测试图表。之后先关闭计算机，再关闭机台电源，最后关闭总电源。

五、实验结果及数据处理

1. 一般丁基橡胶试样以转动 8min 的门尼黏度值表示实验结果。天然橡胶以转动 4min 的门尼黏度值表示试样的黏度，并用 $ML(1+4)100$ 表示。其中，M 为门尼黏度值；L 表示用大转子；1 表示预热 1min；4 表示转动 4min；100 表示实验温度为 100℃。

2. 读数精确到 0.5 个门尼黏度值，实验结果精确到整数位。

3. 用不少于两个试样实验结果的算术平均值表示样品的黏度（两个试样结果的差不得大于 2 个门尼黏度值，否则应重复实验）。

4. 记录门尼黏度与时间曲线并分析。

六、注意事项

操作中应戴棉线手套，以防被热模烫伤。实验时，胶料上下侧应垫玻璃纸，以防止胶料粘在上下模腔。

七、思考题

1. 高聚物的门尼黏度与分子量有何关系？影响高聚物门尼黏度的有哪些因素？
2. 门尼黏度作为评价橡胶性能的指标，能反映橡胶的哪些特性？

实验三

橡胶的门尼焦烧实验

一、实验目的

1. 深刻理解门尼焦烧的物理意义和重要性。
2. 熟练操作门尼黏度测定仪。

二、实验原理

焦烧是未硫化胶在工艺过程中产生早期硫化即由线性分子开始出现交联的现象。

衡量早期硫化的快慢用焦烧时间来度量。各种不同的配方都有其不同的焦烧时间。焦烧时间是指硫化作用开始前的延迟作用时间。由于橡胶有热积累效应，所以实际焦烧时间包括操作焦烧时间和剩余焦烧时间两部分。操作焦烧时间是指在橡胶加工过程中如返炼次数、热炼程度及压延压出等所消耗的时间；剩余焦烧时间是指胶料在热模型中保持流动性的部分时间。焦烧时间不能太短，否则在操作过程中会引起胶料早期硫化，影响胶料的精炼、压延、压出等工艺，但也不能过长，否则会使硫化周期过长而降低生产率，因此控制胶料的焦烧时间非常重要。

用门尼黏度计测定门尼焦烧时间即是在一定温度下求胶料剩余的焦烧时间。

未硫化胶在加热硫化时有一个硫化诱导阶段，在此阶段，随硫化时间增加，胶料黏度低且黏度增加也很慢，这是由于胶料交联少，当黏度超过某一特定值后，由于交联密度随时间增加而增加，黏度将很快升高，本实验就是要求出该黏度值所对应的时间，即焦烧时间。本实验中以转动黏度达最低值再转而上升 5 个转动黏度值时所对应的时间为焦烧时间。根据国家标准 GB/T 1233—2008 规定，门尼焦烧实验一般采用大转子，直径为（38.10±0.03）mm，当实验高黏度胶料时，允许使用小转子，其直径为（30.48±0.03）mm，焦烧实验温度一般采用（120±1）℃，若有特殊需要，可以使用其他实验温度。

三、实验仪器与试样

1. 仪器

门尼黏度计。

2. 试样

丁基橡胶、天然橡胶、顺丁橡胶等。从胶料上裁取两个直径约为 45mm、厚度约为 8mm 的圆片作为试样，其中一个在中心打上直径约 8mm 的孔。试样不应有杂质。试样加工后在实验室停放 2h 以上进行实验，但不准超过 10d。

四、实验步骤

1. 进行实验前，首先接通气源，实验压力调节在 0.4～0.45MPa；然后接通总电源，启动系统。设定实验温度为 120～150℃。放入转子，合模，按"加热"键，上下模腔即加热，半小时左右温度即稳定。

2. 温度稳定后，开模，迅速放入胶样，插入转子时特别要注意转子高度，以免合模后损坏转子。按"焦烧"键，合模，即进入焦烧实验状态。

3. 实验工作时间到，程序控制自动停机。开模，打印曲线和数据报告。取出转子并清胶。

五、实验结果及数据处理

1. 从实验开始到转动黏度值下降到最低值，再转而上升 5 个转动黏度值时所对应的时间即为试样的焦烧时间，用 t_5 表示（t 为焦烧时间，5 表示由最低黏度上升 5 个黏度值）。

2. 每一种实验品的试样不少于 2 个，取其算术平均值。测定结果精确到 0.5min。

3. 曲线的分析。记录的曲线如图 3-3-1 所示：曲线最凹处所对应的黏度为最低黏度，曲线由最低处上升 5 个黏度值至 A 点，A 点所对应的时间即为焦烧时间 t_5。

六、注意事项

1. 温度对胶料焦烧时间有影响，随实验温度的升高焦烧时间将缩短。

2. 湿度对焦烧的影响十分显著，因此试样必须放在干燥器中。

3. 焦烧实验经常遇到转子打滑问题，这时在记录仪上会画出不规则的曲线，如有条件可改用低转速进行实验，可延迟打滑时间。

4. 转子使用一段时间后，花纹棱角磨损，对胶的抓着力减小容易发生打滑，以致影响实验结果，所以要定期检查，及时更换转子。

5. 实验低黏度或发黏的胶料时，可以在试样与模腔之间衬以玻璃纸或涂隔离剂，以免胶料污染模腔。

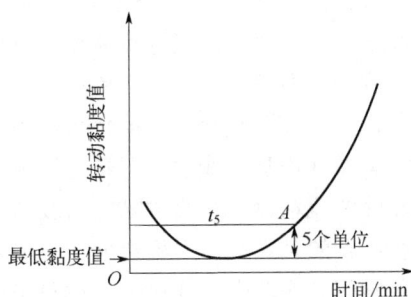

图 3-3-1　黏度-时间的关系曲线

实验四

橡胶威廉氏可塑度的测定

一、实验目的

1. 掌握测定橡胶可塑度的方法。
2. 了解威廉氏可塑度实验仪器的结构与工作原理。
3. 正确使用威廉氏可塑度实验仪器测量橡胶的可塑度。

二、实验原理

胶料的可塑性是指物体受外力作用而变形，当外力除去后，仍能恢复原来形状的性质。橡胶胶料在进行混炼、压延、压出和成型时，必须具备适当的可塑性。胶料的可塑性直接关系到整个橡胶加工工艺过程和产品质量。可塑度过大时，胶料不易塑炼，压延时胶料黏辊，胶料黏着力降低；可塑度过小时，胶料混炼不均匀，且收缩力大，模压时制品表面粗糙，边角不整齐。因此，胶料在加工前必须测定并控制其黏度，以保证加工的顺利进行。

可塑性测定仪可分为压缩型、转动型和压出型三大类。威廉氏可塑计、快速塑性计和德弗塑性计属压缩型。这类塑性计结构简单，操作简易，适用于工厂控制生产用。威廉氏可塑性是指试样在外力作用下产生压缩变形的大小和除去外力后保持变形的能力。

威廉氏可塑计是至今仍为广泛应用的较早期的可塑计。它是利用压缩法测定生胶、未硫化胶料的可塑性。在恒定负荷作用下使胶料压缩变形，由于胶料的体积不变，胶料被压缩向周围流动，面积逐渐扩大，单位面积上的压缩力就逐渐减小，因此变形在最初的一瞬间是很快的，然后逐渐减慢。去掉负荷后胶料在内应力的作用下又有一定程度的恢复，既有塑性流动又有弹性恢复。威廉氏可塑计，就是把在负荷作用下胶料被压缩的高度变化（反映胶料的柔软性即流动性）和负荷除去后胶料恢复原状的程度（反映胶料的弹性复原性）记录下来，表征胶料的黏弹性，用可塑度大小来表示胶料可塑性大小。可塑度规定为柔软性和弹性复原性的乘积。实验中试样置于重锤与平板之间，压缩变形量由百分表指示。

按标准 GB/T 12828—2006 规定，威廉氏可塑性测定采用体积为 $2cm^3$，初始高度为 10mm 的圆柱形试样。为防止发黏，试样上下可各垫一层玻璃纸。实验时，先将试样预热（15 ± 0.5）min，后将试样放入两平行板间，施加负荷，达到规定时间间隔后测量试样高度，然后去掉负荷，取出试样在室温下放置 3min，测量恢复后的高度。

试样结果计算：

可塑性
$$P = S \times R = \frac{h_0 - h_2}{h_0 + h_1}$$

软性
$$S = \frac{h_0 - h_1}{h_0 + h_1}$$

还原性
$$R = \frac{h_0 - h_2}{h_0 - h_1}$$

弹性复原性
$$R' = h_2 - h_1$$

式中　h_0——试样原高，mm；

　　　h_1——试样经负荷作用 3min 的试样高度，mm；

　　　h_2——除去负荷，在室温下恢复 3min 的试样高度，mm。

假设物质为绝对流体，则 $h_1 = h_2 = 0$，故 $P = 1$；假设物质为绝对弹性体，则 $h_2 = h_0$，故 $P = 0$。由此可知，用威廉氏可塑计测得的可塑性是 0～1 之间的无量纲数。P 从 0 到 1，表示可塑性增加，数值越大，胶料越柔软。

三、实验仪器与试样

1. 仪器

威廉氏可塑计。可塑计的负荷由上压板与重锤等组成，压砣可作上下移动，其总质量为（49+0.0049）N［（5+0.005）kg］，在支架上装有百分表，分度为 0.01mm。可塑计垂直安装在恒温箱内的架子上，距离箱底不少于 60mm。重锤温度可调节为（70+1）℃和（100+1）℃。重锤的温度由温度计读出。

2. 试样

（1）试样为体积 $2cm^3$，高为 10.00mm 的圆柱。

（2）胶片加工后，在 24h 内用专用的裁片机裁出标准试样。

（3）试样不得有气孔、杂质及机械损伤等缺陷。

四、实验步骤

1. 调节恒温箱温度，保持在（70±1）℃，用厚度计测量室温下试样的原始高度 h_0（精确到 0.01mm）。

2. 将测过高度的试样放入恒温箱的底座上，在（70+1）℃下预热 15min。

3. 将预热好的试样放在上、下压板之间的中心位置上（为防止试样黏压板，可预先在试样两工作面上贴一层玻璃纸。计算结果时应将玻璃纸厚度除去）。轻轻放下负荷加压，同时预热第二个试样。

4. 加压 3min 后，立即读出试样在负荷作用下的高度 h_1。

5. 去掉负荷，取出试样，在室温下放置 3min，测量恢复后的高度 h_2（精确到 0.01mm）。

6. 计算可塑性，每个试样数量不少于 3 个，取算术平均值，允许偏差为±0.02。结果精确到 0.01。

五、实验结果及数据处理

实验记录数据

试样编号	h_0/mm	h_1/mm	h_2/mm	S	R	P
1						
2						
3						
平均值						

六、注意事项

1. 实验温度必须控制在（70±1）℃，温度过高可塑度偏高，温度低可塑度偏低。

2. 试样预热和压缩以及恢复时间必须控制准确。

3. 给试样加负荷时必须轻轻加上，然后松手，否则负荷会变动，造成测试误差。

4. 试样不得有气孔、气泡、杂物，否则造成试样测试结果出现偏差。

七、思考题

1. 简述可塑度的测定目的和原理。

2. 简述可塑度数值大小对加工性能的影响。

3. 简述可塑度的表示方法。

4. 可塑性测定的影响因素有哪些？

实验五

橡胶拉伸性能实验

一、实验目的

1. 掌握拉伸试样的制备、拉伸性能的测试内容和原理。
2. 熟悉电子拉力试验机的工作原理、操作过程。
3. 测定硫化橡胶样品的力学性能指标,掌握实验结果的分析方法。

二、实验原理

任何橡胶制品都是在一定外力条件下使用,因而要求橡胶应有一定的力学性能,而力学性能中最为明显的为拉伸性能,在进行成品质量检查、设计胶料配方、确定工艺条件及比较橡胶耐老化和耐介质性能时,一般均需通过拉伸性能予以鉴定,因此,拉伸性能测试是橡胶材料重要的常规检测项目之一。

1. 拉伸性能包括如下项目:

(1)拉伸应力:试样在计量标距范围内,单位初始横截面所承受的拉伸负荷。

(2)拉伸强度:在拉伸实验中,试样直到断裂为止,所承受的最大拉伸应力。

(3)拉伸断裂应力:在拉伸应力-应变曲线上,试样断裂时的应力。

(4)拉伸屈服应力:在拉伸应力-应变曲线上,屈服点处的应力。

(5)偏置屈服应力:应力-应变曲线偏离直线达规定应变百分数(偏置)时的应力。

(6)断裂伸长率:在拉力作用下,试样断裂时,标线间距离的增加量与初始标距之比,以百分率表示。

(7)弹性模量:在比例极限内,材料所受应力(拉、压、弯、扭、剪等)与产生的相应应变之比。

(8)屈服点:应力-应变曲线上,应力不随应变增加的初始点。

(9)应变:材料在应力作用下,产生的尺寸变化与原始尺寸之比,是无量纲量。

2. 应力-应变曲线由应力-应变的相应值彼此对应地绘成曲线图。通常以应力值作为纵坐标,应变值作为横坐标,见图 3-5-1。

应力-应变曲线一般分为两个部分,弹性变形区和塑性变形区。在弹性变形区域,材料发生可完全恢复的弹性形变,应力-应变曲线成比例关系。曲线中直线部分的斜率即是拉伸弹性模量值,代表材料的刚性。弹性模量越大,刚性越好。在塑性变形区,应力和应变增加不再成正比关系,最后出现断裂。对于不同的高分子材料,其结构不同,应力-应变曲线的形状也不同。

3. 影响橡胶拉伸性能实验的因素很多,总的可分为两个方面,一是工艺过程的影响,例如混炼工艺、硫化工艺等;二是实验条件的影响。具体的影响因素如下:

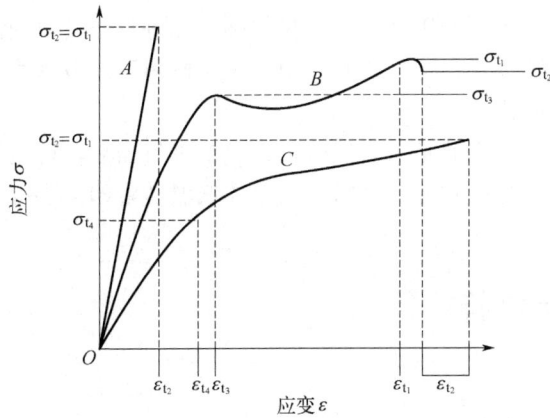

图 3-5-1　拉伸应力-应变曲线

A—脆性材料；B—具有屈服点的韧性材料；C—无屈服点的韧性材料；σ_{t_1}—拉伸强度；σ_{t_2}—拉伸断裂应力；

σ_{t_3}—拉伸屈服应力；σ_{t_4}—偏置屈服应力；ε_{t_1}—拉伸最大强度时的应变；ε_{t_2}—断裂时的应变；

ε_{t_3}—屈服时的应变；ε_{t_4}—偏置屈服时的应变

（1）实验温度的影响。温度对硫化胶的拉伸性能有较大的影响。一般来说橡胶的拉伸强度和定伸应力随温度的增高而逐渐下降，扯断伸长率则有所增加，对结晶橡胶影响更明显。在 GB/T 2941—2006 标准中规定了实验温度为（23±2）℃。

（2）试样宽度的影响。即使用同一工艺条件制作的试样，由于工作部分宽度不同所得结果也不同，不同规格的试样所得实验结果没有可比性。同一种试样的工作部分越宽，其拉伸强度和扯断伸长率都有所降低。产生这种现象的原因可能是：①胶料中存在微观缺陷，这些缺陷虽经过混炼但没能消除，面积越大存在这些缺陷的概率越大；②在实验过程中，试样各部分受力不均匀，试样边缘部分的应力要大于试样中间的应力，试样越宽，差别越大，这种边缘应力的集中，是造成试样早期断裂的一种原因。

（3）试样厚度的影响。硫化橡胶在进行拉伸性能实验时，相关标准规定试样厚度为（2.0±0.2）mm。随着试样厚度的增加，其拉伸强度和扯断伸长率都降低。产生这种现象的原因除了试样在拉伸时各部分受力不均外，还有试样在制备过程中，裁取的试样断面形状不同。在裁取试样时，试样越厚，变形越大，若边缘未完全切断或裁切面不平整，可能导致实际受力面积小于标准面积，所以拉伸强度和扯断伸长率比薄试样偏低。

（4）拉伸速度的影响。硫化胶在进行拉伸性能实验时，相关标准规定拉伸速度为500mm/min。拉伸速度越快，拉伸强度越高。但在 200～500mm/min 这一段速度范围内，对实验结果的影响不太显著。

（5）试样停放时间的影响。硫化后的橡胶试样必须在室温下停放一定时间后才能进行实验。在 GB/T 2941—2006 标准中规定，停放时间不能小于 16h，最多不得超过 15 天。

实验结果表明：停放时间对拉伸强度的影响不显著，拉伸强度随停放时间的延长而稍有增大。产生这种现象的原因，可能是试样在加工过程中因受热和机械的作用，而产生内应力，放置一定时间可使其内应力逐渐趋向均匀分布，以致消失。因而在拉伸过程中就会均匀地受到应力作用，不至于因局部应力集中而造成早期破坏。

（6）压延方向与试样夹持状态。硫化胶在进行拉伸性能实验时，应注意压延方向，在 GB/T 528—2009 标准中规定，片状试样在拉伸时，其受力方向应与压延、压出方向一致，否则其实验结果会显著降低。平行于压延方向的拉伸强度比垂直压延方向的拉伸强度高。

在夹具间，试样须垂直夹持。否则会由于试样倾斜而造成受力、变形不均，削弱分子间作用力，降低所测性能值。

测定硫化胶拉伸性能用的是拉力试验机，更换夹持器后，可进行拉伸、压缩、弯曲、剪切、剥离和撕裂等力学性能实验。其附加高温和低温装置即可进行在高温或低温条件下的力学性能实验。

三、实验仪器与试样

1. 仪器

测定硫化胶试样的拉伸性能时多采用电子拉力试验机。试验机基本是由机架、测伸装置和控制台组成。机架包括引导活动十字头的两根主柱，十字头用两根丝杠传动，而丝杠由交流电机和变速箱控制。电机与变速箱用皮带和皮带轮连接。伺服控制键盘包括上升、下降、复位、变速、停止等。

测伸装置包括测力系统与测伸长装置。

（1）测力系统

测力系统采用无惰性的负荷传感器，可以根据测量的需要更换传感器，以适应测量精度范围。由于不采用杠杆和摆锤测量，减少了机械摩擦和惰性，从而大大提高了测量精度。

（2）测伸长装置

红外线非接触式伸长计：这种伸长计是在跟踪器上采用了红外线，可以自动寻找、探测和跟踪加在试样上的标记。这种红外线非接触式伸长计操作简便，适用于生产质量控制实验，如图 3-5-2 所示。

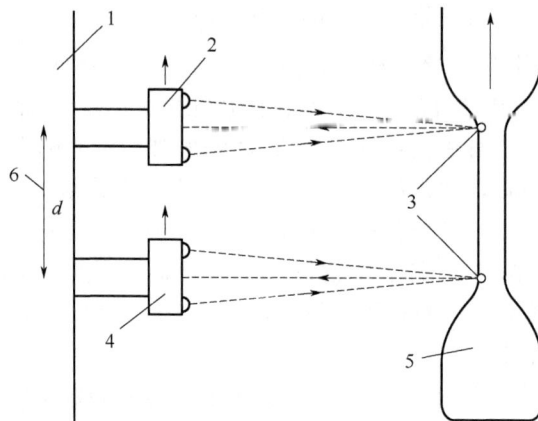

图 3-5-2　红外线非接触式伸长计原理图

1—伸长测定装置机身；2—上跟踪头；3—标记；4—下跟踪头；5—试样；

6—伸长累积转换器；d—试样的工作部分厚度（尤其是硫化橡胶等片状试样）

接触式伸长计：其原理基本与非接触式伸长计相似。它是采用了两个接触式夹头夹在试样标线上，其接触压力约为 0.50N（51gf），当试样伸长时带动两个夹持在试样标线的夹头移动，这两个夹头由两条连接线与一个多圈电位器相连，两个夹头的位移，使绳索的抽出量发生变化，也就改变了电位器的阻值，因而也改变了代表应变值的相应电信号，其数值由记录或显示装置示出，这种测伸长计在很多拉力试验机上都已采用。

2. 试样

硫化完毕的试片，在室温下停放 16h 后，选用标准裁刀裁切出哑铃形试样。裁刀分为 1、2、3、4 型，其中 1 型为通用型，应根据胶料的具体情况选用裁刀。裁刀各部位具体尺寸见图 3-5-3 和表 3-5-1。

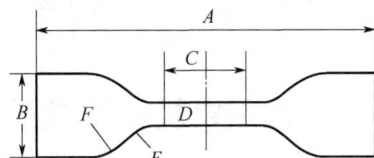

图 3-5-3 哑铃形试样

表 3-5-1 裁刀各部位尺寸　　　　　　　　　　　　单位：mm

部位	1 型	2 型	3 型	4 型
A 总长	115	75	50	35
B 端头宽度	25.0±1.0	12.5±1.0	8.5±0.5	6.0±0.5
C 两工作标线间距离	33.0±2.0	25.0±1.0	16.0±1.0	12.0±0.5
D 工作部分宽度	6.0±0.4	4.0±0.1	4.0±0.1	2.0±0.1
E 小半径	14.0±1.0	8.0±0.5	7.5±0.5	3.0±0.1
F 大半径	25.0±2.0	12.5±1.0	10.0±0.5	3.0±0.1
厚度①	2.00±0.03	2.00±0.03	2.00±0.03	1.00±0.10

① 该数据为裁切硫化胶的厚度。

制备试样时的注意事项：

（1）试样裁切的方向，应保证其拉伸受力方向与压延方向一致，裁切时用力要均匀，并用中性肥皂水或洁净的自来水湿润试片（或刀具）。若试样一次裁不下来，应舍弃之，不得再重复旧痕裁切，否则影响试样的规则性。此外，为了保护裁刀，应在胶片下垫以适当厚度的铅板及硬纸板。

（2）裁刀用毕，须立即拭干、涂油，妥善放置，以防损坏刀刃。

（3）在试样中部，用不影响试样物理性能的颜料印上两条平行标线，每条标线应与试样中心等距。

（4）用厚度计测量试样标距内的厚度，应测量三点：一点在试样工作部分的中心处，另两点在两条标线的附近。取三个测量值的中值为工作部分的厚度值。

四、实验步骤

1. 将试样对称并垂直地夹于上下夹持器上，开动机器，使下夹持器以（500±50）mm/min 的拉伸速度拉伸试样，并用测伸指针或标尺跟踪试样的工作标线。

2. 根据实验要求，记录试样被拉伸到规定伸长率时的负荷、扯断时的负荷及扯断伸长率（ε）。电子拉力试验机带有自动记录和绘图装置，则可得到负荷-伸长率曲线，实验结果可从该曲线上查到。

3. 测定应力伸长率时，可以试样的原始截面积乘给定的应力，计算出试样所需的负荷，拉伸试样至该负荷值时，立即记下试样的伸长率（如试验机可绘出应力-应变曲线，也可从该曲线上查出。）

4. 测定永久变形时，将断裂后的试样放置 3min，再把断裂的两部分吻合在一起。用精度为 0.5mm 的量具测量试样的标距，并计算永久变形值。

五、实验结果及数据处理

1. 定伸应力和拉伸强度按下式计算：

$$\sigma = \frac{F}{db}$$

式中，σ 为定伸应力或拉伸强度，MPa 或 kgf/cm^3；F 为试样所受的作用力，N 或 kgf；b 为试样工作部分宽度，mm；d 为试样工作部分厚度，mm。

2. 扯应力伸长率和扯断伸长率按下式计算：

$$\varepsilon = \frac{L_1 - L_0}{L_0} \times 100$$

式中，ε 为定应力伸长率或扯断伸长率，%；L_1 为试样达到规定应力或扯断时的标距，mm；L_0 为试样初始标距，mm。

3. 扯断永久变形按下式计算：

$$H = \frac{L_2 - L_0}{L_0} \times 100$$

式中，H 为扯断永久变形，%；L_2 为试样扯断并停放 3min 后，将断裂部分吻合在一起时的标距，mm；L_0 为试样初始标距，mm。

拉伸性能实验中所需的试样数量应不少于 3 个，但是对于一些鉴定、评比、仲裁等实验，试样数量应不少于 5 个。取全部数据的中位数作为最终数据。将实验数据按数值递增的顺序排列，实验数据如为奇数，取其中间数值为中位数，若实验数据为偶数，取其中间的两个数值的算术平均值为中位数。

六、注意事项

1. 关机：先关控制器，后关主机。

2. 更换夹具或使用不同规格的试样进行测试时，必须重新调整限位杆的上、下限位螺钉的位置。

3. 测试过程开始后，将鼠标移动到程序的停止按钮（STOP 键），以便当测试过程出现异常时可及时停车。

4. 传感器属精密仪器，测试和操作过程中一定要细心，轻拿轻放，每次测试完毕后，须将传感器放回包装盒内。

5. 实验完毕，将实验仪器清理干净，关闭设备电源及总电源。

实验六

橡胶撕裂强度的测定

一、实验目的

1. 了解橡胶撕裂实验的试样种类，掌握试样的制备方法。
2. 熟悉测试撕裂强度的设备及其工作原理。
3. 掌握橡胶撕裂强度的测试方法及实验结果的分析。

二、实验原理

橡胶撕裂强度的定义是：在与试样主轴平行的方向上，拉伸试样直至开裂时的最大力。撕裂强度也定义为撕裂能，即每单位厚度试件产生单位裂纹所需的能量。撕裂能包括表面能、塑性流动耗散的能量以及不可逆黏弹性过程耗散的能量。所有这些能量的变化皆与裂纹长度的增加成比例，且主要由裂纹尖端附近的形变状态所决定，故总的能量与试样的形状和加力的方式无关。测定硫化橡胶和热塑性橡胶撕裂强度有三种实验方法。

1. 使用直角形试样（无割口或者有割口）

直角形试样的形状和尺寸如图 3-6-1 所示。

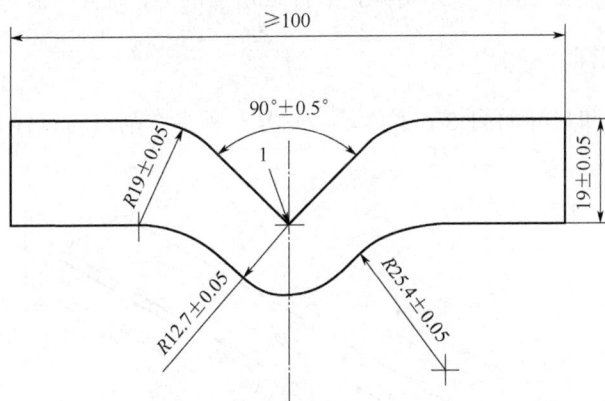

图 3-6-1　直角形试样（GB/T 529—2008）（单位：mm）

1—实验程序（b）的割口位置

实验程序（a）：使用无割口直角形试样。该实验是撕裂开始和撕裂扩展的综合。在直角点处的应力上升足以发生初始撕裂，然后应力进一步增大直至试样撕裂。但是，该方法只能测定破坏试样所需的总力。因此，所测得的力不能分解为撕裂开始和撕裂扩展的两个分力。由于试样不一定需预先割口，故测试的人为影响因素少，本实验选用此法。

实验程序（b）：使用有割口直角形试样。该实验是将试样预先割口，测定其扩展撕裂所需的力，扩展速度与拉伸速度没有直接关系。该方法的特点是其撕裂强度对割口长度不敏感。因此，实验结果的重复性好。它还便于进行撕裂能的计算，为撕裂能的理论分析提供较理想的方法。

2. 使用新月形试样

新月形试样，又称为腰形试样或圆弧形试样，过去称为延续型试样。其形状和尺寸如图 3-6-2 所示。

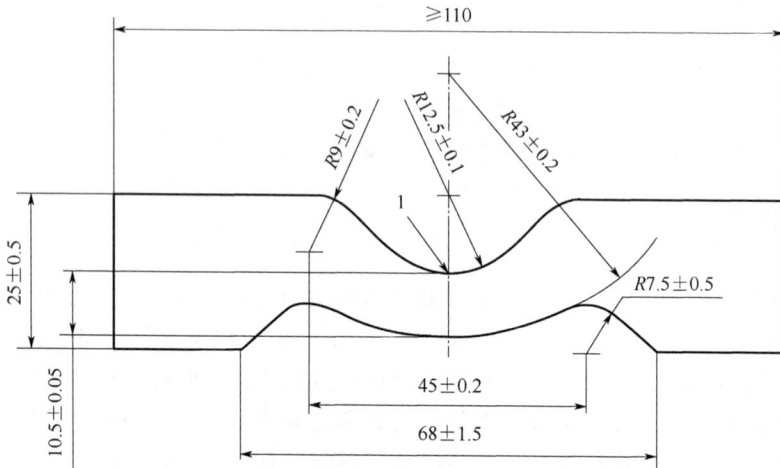

图 3-6-2　新月形试样（GB/T 529—2008）（单位：mm）

1—割口位置

该实验也是将试样预先割口，测定其扩展撕裂所需的力，而且扩展速度与拉伸速度无关。

3. 使用裤形试样

裤形试样的形状和尺寸如图 3-6-3 所示。它是一种带有割口的试样。该试样在试验机上的夹持情况如图 3-6-4 所示。

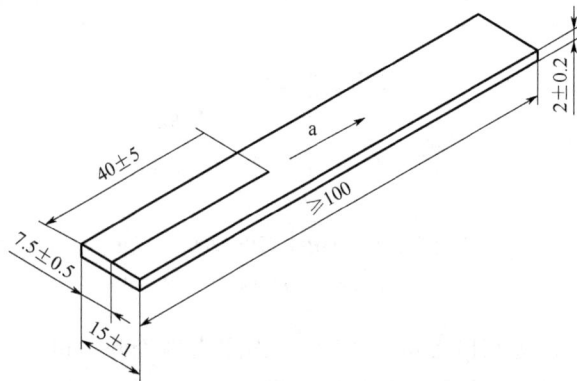

图 3-6-3　裤形试样（GB/T 529—2008）（单位：mm）

a—切口方向

该方法对切口长度不敏感，而另外两种试样的割口要求严格控制。另外，该方法获得的结果更有可能与材料的基本撕裂性能有关，而受定伸应力的影响较小（该定伸应力是试样"裤腿"伸长所致，可忽略不计），并且撕裂扩展速度与夹持器拉伸速度有直接关系。有些橡胶的撕裂扩展是不平滑的（不连续撕裂），结果分析会有困难。

4. 实验结果的影响因素

（1）试样形状　试样形状的不同，一般对撕裂强度的实验结果有显著的影响。直角形试样的撕裂强度较小，而新月形试样的撕裂强度较高。

（2）实验温度　橡胶的撕裂性能对实验温度比较敏感。一般来说，撕裂强度随实验温度的升高而降低。

图 3-6-4　裤形试样在试验机上的夹持情况

对于结晶性橡胶，如天然橡胶、氯丁橡胶和丁基橡胶等，在室温下拉伸时，会引起橡胶大分子沿着拉伸方向的重排，产生结晶，使拉伸强度增高。在高温拉伸时，结晶不容易产生，撕裂强度明显降低。对于非结晶性橡胶，如丁苯橡胶、丁腈橡胶等，随着温度升高，撕裂能降低，故表现为拉伸强度降低。

（3）撕裂速度　试验机的拉伸速度大小，即撕裂速度大小对橡胶的撕裂行为具有一定的影响。高速撕裂时，撕裂表现出一种刚体的脆性破坏，而慢速撕裂时，则表现出弹性破坏。在实验方法规定的速度下，撕裂破坏属于后者。拉伸速度增大，撕裂强度降低。

（4）试样厚度　试样厚度对撕裂强度有一定的影响，但影响不大。

（5）分子的取向　橡胶材料在压延、压出过程中，由于分子的取向而表现为各向异性，结果经常是在取向方向上，力学性能得到增强。实验结果表明：横向的撕裂强度大于纵向。（横向是指撕裂方向沿着与压延、压出方向垂直的方向；纵向是指撕裂方向沿着压延、压出的方向。）

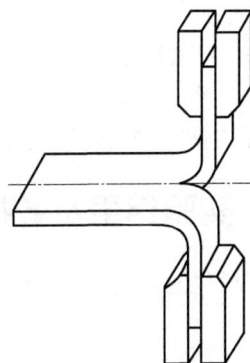

三、实验仪器与试样

1. 仪器

REGER-300 型微机控制万能材料试验机。

2. 试样

试样应从厚度均匀的硫化后的试片裁取。试片的厚度为（2.0±0.2）mm。本实验采用无割口直角形试样。实验应在标准实验温度（23±2）℃下进行。每个样品不少于 5 个试样。[如果采用有割口的试样，试样割口前必须在标准实验温度下停放至少 16h（不超过 15 天）]。新月形试样实验前应于试样圆弧凹边的中心处割口。割口深度为（1.0±0.2）mm。可采用特制的割口器进行割口。该割口器应有一个用来固定试样的夹持器，使割口限制在一定区域内。将由刮脸刀片制成的切割工具夹在垂直于试样主轴的平面内，便可在规定的位置上进行切割。裁刀撕裂角等分线的方向应与压延方向一致。

四、实验步骤

1. 将试样垂直夹于上下夹持器中一定深度，并且使其在水平的位置上充分均匀夹紧。
2. 调好拉伸速度［夹持器中以（500±100）mm/min 的速度在运行］，开动试验机，即可对试样施加一个逐渐增加的牵引力，直至试样被撕断后停机。

五、实验结果及数据处理

试样的撕裂强度按下式计算：

$$F = \frac{F}{d}$$

式中，F 为试样撕裂强度，kN/m（kgf/cm）；F 为撕裂试样的最大作用力，N（kgf）；d 为试样厚度，mm。

每个样品至少需要五个试样。试样结果以测量结果的算术平均值表示。每个试样的单个数值与平均值之差不得大于 15%，经取舍后试样个数不应少于原试样数量的 60%。

六、思考题

1. 为什么裤形试样与直角形和新月形试样的拉伸速度不同？
2. 撕裂强度与哪些影响因素有关？

实验七

橡胶的压缩疲劳实验

一、实验目的

1. 了解压缩疲劳试验机的结构与测试原理。
2. 掌握压缩疲劳实验的测试方法与实验数据的处理。

二、实验原理

许多橡胶制品，如轮胎、运输带和胶鞋等都是在承受一定的压力和反复变形的情况下使用的。在交变负荷作用下，运输带、覆盖胶等制品会因疲劳而产生裂口，降低其使用质量。因此对橡胶耐疲劳性能的测定十分必要。

疲劳性能，是硫化橡胶一项重要的物理性能。硫化橡胶在周期性应力或应变的作用下，其结构和性能发生的任何变化就叫作疲劳现象。硫化橡胶疲劳现象的主要表现是硬度或弹性模量等逐渐降低。所谓胶料的疲劳寿命，就是在周期性应力或应变作用下，胶料达到断裂所经历的时间。而橡胶制品的使用寿命，是橡胶制品从开始使用到丧失使用功能所经历的时间。本实验是将规定的压缩负荷施加到试样上，以一定的振幅和频率对试样进行周期性压缩，然后测定试样在一定时间内的压缩疲劳温升、静压缩变形率、动压缩变形率、永久变形和疲劳寿命。本实验参考 GB/T 1687.3—2016。

三、实验仪器与试样

1. 仪器

压缩疲劳试验机。

2. 试样

橡胶压缩疲劳实验所用的试样形状为圆柱体，直径是（17.80±0.15）mm，高是（25±0.25）mm。试样应有光滑的表面，不应有缺陷、气泡、缺胶和杂质等。

四、实验步骤

1. 接通控制箱与电源，使恒温室内温度达到平衡并始终保持在（55±1）℃，检查冲程和负荷是否符合本实验条件要求。冲程可选用（4.45±0.03）mm，（5.71±0.03）mm，（6.35±0.03）mm。负荷可选用（1.00±0.03）MPa，（2.00±0.06）MPa。

2. 将偏心轮调到最高点，再把 25mm 高的金属标准块置于下压板的中心位置上，调整下压板高度至试样上端与上压板接触，拔下锁针，再继续调整下压板高度使杠杆呈水平状态，此时通过控制箱的调整装置把记录的指针调至零点。

3. 插上锁针，调整下压板取出标准块。用厚度计测量试样的高度，准确到 0.01mm。

4. 试样在恒温室内预热 30min，置于下压板的中心位置上，调整下压板至试样上端与上压板接触，拔下锁针。

5. 调整下压板的高度，使其退回约 2mm 后开动电机，此时由于自动平衡装置的作用，在记录纸上绘出初动压缩高度，并继续绘出各瞬时的压缩高度。

6. 由于自动计时装置的作用，实验进行到 25min 时自动报警铃响，插上锁针，关闭电机，实验终结。

7. 取出试样在恒温室中停放 1h 后测量试样的高度，精确到 0.01mm。

8. 测定疲劳寿命时，为确保准确性，要对试样进行测试直至其出现破坏为止。破坏开始表现为温度曲线的不规则性、压缩变形的显著增加和内部出现空隙。

五、实验结果及数据处理

1. 压缩疲劳生热（温升）Δt 按下式计算：

$$\Delta t = t_f - t_0$$

式中，t_0 为恒温室温度，℃；t_f 为试样在 25min 时的实测温度，℃。

2. 蠕变（%）按下式计算：

$$\varepsilon_1 = \frac{h_6 - h_t}{h_0} \times 100$$

式中，h_6 为周期性压缩 6s 时试样高度，mm；h_t 为实验结束时试样高度，mm；h_0 为试样处于无载荷条件下的初始高度，mm。应按前面所述的方法测量试样高度，杠杆应在实验开始 6s 内调整到平衡。如果试样的初始高度 h_0 的公差范围在 ±0.2mm 以内，则取 h_0=25.00mm。

3. 压缩永久变形按下式计算：

$$S = \frac{h_0 - h_4}{h_0} \times 100$$

式中，h_0 为试样原高度，mm；h_4 为试样经压缩完毕后，在标准实验室温下停放 1h 的高度，mm。试样数量不少于 3 个，取其算术平均值作结果。

4. 疲劳寿命的测定：应用试样破坏时的压缩次数 N 来表示。

六、注意事项

1. 若试样在实验过程中发生破裂，应记录破裂时间、温升和裂口形状。实验中试样的压缩负荷冲程频率和胶料种类都会影响到实验结果值。

2. 不同胶料对温升平衡时间的影响较大，压缩疲劳实验的温升是用电偶在柱状试样底部测定的，可以连续测定。试样的温升在中心部位最高，若胶料的热传导性和热辐射性基本接近，那在试样底部所测的温度与其中心点所测温度成比例关系。同时试样的温升随时间的增长逐渐达到平衡，平衡时间随胶料不同而异。填充剂用量少的胶料达到温升平衡时间较短，反之则长，大部分胶料在 15min 后温度基本达到平衡。

七、思考题

1. 影响压缩生热（温升）的因素有哪些?如何避免？
2. 从实验结果分析橡胶试样的压缩特性。

实验八

橡胶冲击弹性的测定

一、实验目的

1. 掌握冲击弹性试验机的结构及测试原理。
2. 掌握橡胶冲击弹性的测试方法。

二、实验原理

橡胶变形时，伴随着能量的输入。当橡胶恢复到原来的形状时，该能量的一部分被释放出来，剩余的部分则在橡胶内部由机械能转化为热能。当变形是单次冲击形成的凹陷时，输出能量与输入能量的比值就定义为回弹性。对于同一物质，回弹性的数值不是一个固定的量，它是随温度、应变分布（由冲头和试样的类型及尺寸决定）、应变速率（由冲头的速率决定）、应变能（由冲头的速率和质量决定）和应变过程的变化而变化的。在聚合物存在填料的情况下，应变过程是特别重要的。

硫化橡胶试样受到摆锤冲击会发生形变，使高分子链由卷曲状态变成直链状，当外力去掉后，由于内应力的作用，分子链要恢复原状，即产生回弹。回弹的大小以摆锤冲击试样后弹回功与摆锤落下时所做功的百分比表示，故又称为回弹性。目前采用的国家标准是 GB/T 1681—2009。

摆臂处于水平位置时（高度为 h_1），摆锤所具有的位能为 Ph_1。当其下落时，所具有的位能逐渐减小，动能逐渐增加，到与试样接触时所具有的位能全部变为动能，摆锤冲击试样，其中一部分动能消耗在橡胶内部（分子链的运动、生热等），另一部分使摆锤回跳至 h_2 高度，变成位能 Ph_2。

$$冲击弹性值(\%) = \frac{Ph_2}{Ph_1} \times 100 = \frac{h_2}{h_1} \times 100$$

若摆锤回跳至原位置（极端位置）时，因高度 $h_2=h_1$，所以此时的弹性值为 100%。当摆锤接触试样时，由于 $h_2=0$，所以弹性值为 0。该仪器刻度盘上的指针读数，就是根据这个原理刻制的，弹性值可直接读出。

影响实验结果的因素如下所示。

1. 试样厚度

试样厚，所测弹性值高；试样薄，所测弹性值则低。当厚度超过规定厚度 1mm 及以上，对测试结果影响较显著。故国家标准统一规定试样厚度为（12.5±0.5）mm，以利于相互对比。

2. 温度

橡胶弹性值的高低受温度影响较大。同一配方的硫化胶随测试温度的升高，其弹性值增大，故国家标准统一规定测试时室温为（23±2）℃。只有在标准温度条件下测试，实验结果才具有可比性。

3. 试样表面状况及夹持状态

试样表面若附有粉尘，因其消耗冲击能，故实验结果偏低，因而试样表面应清洁，且试样应夹紧于试验机座上，否则因冲击时试样松动易产生摩擦位移，也造成能量损耗，致使测定值偏低。

三、实验仪器与试样

1. 仪器

冲击弹性试验机。

2. 试样

（1）试样为任意形状的胶板，厚度为（12.5±0.5）mm，表面应清洁、平整、无气泡，上下表面平行。

（2）如果从成品上直接切取试样，要求试样中应无纤维或增强骨架材料。如果厚度达不到要求时，可以用几层叠起来测量，但最多不得超过三层。各层间严格要求平行、光滑。

四、实验步骤

1. 调整试验机呈水平状态，将试样平稳地夹在夹持器上，使摆锤同试样表面呈刚接触（相切）状态。

2. 抬起摆锤至水平位置，并用机架上的挂钩挂住，将指针调至零位。

3. 松开挂钩，摆锤自由落下冲击试样，对试样进行不少于 3 次但不多于 7 次的连续冲击，作为机械调节。（本实验中统一规定连续冲击四次，不记录回弹值）。

4. 在进行机械调节后，进行第五次冲击，并读取回弹值。

五、实验结果及数据处理

每个试样测定三点，各点之间距离不少于 10mm，取三点数值的中间值表示一个试样的回弹性，两个试样中值的算术平均值作为该样品的测试结果。

六、思考题

1. 不同的板材制备方法对冲击弹性实验结果有何影响？
2. 影响冲击弹性实验结果误差的因素有哪些？

实验九

橡胶阿克隆磨耗的测定

一、实验目的

1. 了解阿克隆磨耗试验机的结构及工作原理。

2. 掌握橡胶耐磨性能的测定方法及实验数据的处理。

二、实验原理

橡胶制品的磨耗是一种常见的现象。橡胶制品耐磨性能的优劣在很大程度上决定着产品的使用寿命，因而是一项重要的技术指标。

磨耗的产生通常有下列两种情况：

（1）橡胶与橡胶或橡胶同其他物体之间产生滑移时，两物体在接触表面上有不同程度的磨损。

（2）橡胶受到砂粒等各种坚硬粒子的冲击作用，在表面上产生磨损。

根据以上情况，国际上曾先后设计出阿克隆、格拉西里、邵坡尔、皮克等多种型号磨耗试验机。一般是在规定条件下将试样同摩擦面接触，以被磨下的颗粒的质量或体积来表示测试结果。阿克隆磨耗机是早期应用且现今依然广泛使用的试验机之一，其结构简单、操作方便、价格低廉，我国现行的橡胶制品技术标准中的耐磨性指标即以该仪器测定。

橡胶制品在实际使用过程中，其磨耗往往伴随拉伸、压缩、剪切、生热、老化等复杂现象，故上述各种室内磨耗实验与实际磨耗存在一定的差距，其相关性有一定局限性，但这些测试仍能判别橡胶耐磨性能的好坏或对同一胶料的耐磨程度进行相对比较。

本实验是将试样与砂轮在一定倾斜角度和一定的负荷作用下进行摩擦，测定试样一定里程的磨耗体积。

磨耗指数越大，表示耐磨性越好，以该值和磨损体积表示实验结果有以下优点：①对使用周期较长的磨损面，可以减少其因长期使用，致摩擦面切割力降低，而造成对实验结果的影响。②可减少由于更换摩擦面后其切割力的变化所带来的影响。③可提高同一类型磨耗试验机在不同机器及不同实验室所得结果的可比性。④对于不同类型的磨耗试验机所得结果也可以比较参考。

三、实验仪器与试样

1. 仪器

阿克隆磨耗试验机。将试样轮夹在胶轮轴上，电机通过减速系统带动试样轮在胶轮轴上作顺时针方向旋转，负荷托架上的实验用重砣使砂轮紧贴在试样轮上，并保证砂轮向左的（即作用在试样轮上）横向作用力为（26.7±0.2）N，砂轮作逆时针方向转动。

（1）胶轮轴与砂轮轴之间的夹角：15°±0.5°、25°±0.5°；试样的行驶里程：1.61km。

（2）阿克隆磨耗机使用的砂轮尺寸：直径150mm，厚度25mm，中心孔直径32mm。

（3）砂轮材料组成：磨料为氧化铝，胶黏剂为陶土，粒度为36#，硬度为中硬度2。

（4）试样夹板：夹板直径56mm，工作面厚度12mm。

2. 试样

半成品胶料的试样用专用模具硫化，要求为条状，长度为$[(D+h)\pi+(0\sim5)]$mm（D为胶轮直径68mm；h为试样厚度），宽度为（12.7±0.2）mm，厚度为（3.2±0.2）mm，其表面应平整，不应有裂痕、杂质等。

四、实验步骤

1. 硫化完的试样，使用橡胶密度测试仪测定试样的密度 ρ。

2. 将试样一面用砂轮打磨出均匀的粗糙面之后，清除胶屑，用橡胶水将其粘贴于砂轮上（粘贴时试样不应受到张力）。适当放置一段时间，使之粘贴牢固。把粘好的试样轮固定在胶轮轴上，启动电机，使试样按顺时针方向旋转。

3. 试样预磨 15～20min 后取下，刷净胶屑，称量其质量，精确到 0.001g。

4. 用预磨后的试样进行实验，试样行驶 1.61km 后，关闭电机，取下试样，刷掉胶屑，在 1h 内称量，准确到 0.001g。

五、实验结果及数据处理

1. 试样磨耗体积 V 计算公式：

$$V = \frac{m_1 - m_2}{\rho}$$

式中，V 为试样的磨耗体积，cm^3；m_1 为试样预磨后的质量，g；m_2 为试样实验后的质量，g；ρ 为试样的密度，g/cm^3。

2. 磨耗指数计算公式：

$$磨耗指数 = \frac{V_s}{V_t} \times 100\%$$

式中，V_s 为标准配方的磨耗体积；V_t 为试验配方在相同里程中的磨耗体积。

3. 实验数量不少于 2 个，以算术平均值表示实验结果，允许偏差为 ±10%。

六、思考题

1. 影响实验测量结果的因素有哪些？

2. 胶轮轴与砂轮轴的夹角通常情况下是多少？在什么情况下需要调整？

实验十

橡胶邵氏硬度的测定

一、实验目的

1. 了解硬度计的种类，熟悉邵氏硬度计的工作原理。

2. 掌握橡胶邵氏硬度的测试方法。

二、实验原理

橡胶的硬度是指材料抵抗其他较硬物体压入其表面的能力。一般用邵氏硬度来表示，它是以玻璃的硬度为 100 来比较的相对硬度。其硬度值大小表示了橡胶的软硬程度。根据硫化胶硬度高低可判断胶料半成品的配炼质量及硫化程度，因此硬度值是橡胶制品的一项重要技术指标。

硬度测定值的大小不仅与材料性质有关，还取决于测定条件和方法。不同测定方法使用不同的测定条件。不同测定方法测定的硬度值不能相对比较。常用的测定高分子材料硬度的实验方法有：邵氏硬度（肖氏硬度）、球压痕硬度、洛氏硬度和巴氏硬度实验。邵氏硬度实验分为邵氏 A 型、邵氏 C 型和邵氏 D 型实验。邵氏 A 型适用于软质塑料及橡胶；邵氏 C 型和邵氏 D 型适用于较硬或硬质塑料和硫化橡胶。球压痕硬度实验适用于较硬的塑料。洛氏硬度实验主要用于柔软的弹性体到刚硬的塑料的硬度评价。巴氏硬度实验主要适用于玻璃钢板材和型材。针对给定的高分子材料，硬度的测定方法应依据该材料的相关标准或与提供材料者达成的约定而选定。

本实验采用邵氏硬度计。其工作原理是在 1kg 负荷作用下，硬度计的压针以弹簧的压力压入试样表面，通过测量压入的深度来表示其硬度。橡胶受压将产生反抗其压入的反力，直到弹簧的压力与反力相平衡，橡胶越硬，反抗压针压入的力量越大，使压针压入试样表面的深度越浅，弹簧受压越大，金属轴上移越多，故指示的硬度值越大，反之则相反。邵氏硬度计主要部件示意图见图 3-10-1。

邵氏硬度计的主要部位尺寸如表 3-10-1 所示。

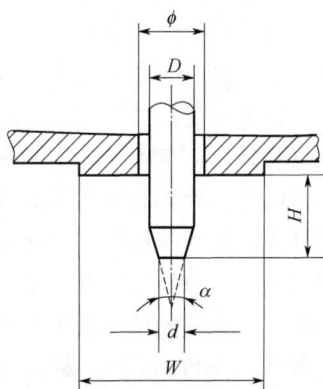

图 3-10-1　邵氏硬度计
主要部件示意图

表 3-10-1　邵氏硬度计主要部位尺寸

型号	α	H	D	d	ϕ
A 型	$35°\pm1/4°$	2.50 ± 0.04	1.3 ± 0.5	0.8 ± 0.02	$2.5\sim3.2$
C 型	$30°\pm1°$	2.50 ± 0.04	1.3 ± 0.5	0.2 ± 0.024	$2.5\sim3.2$
D 型	$30°\pm1°$	2.50 ± 0.04	1.25 ± 0.15	$R0.1\pm0.012$[①]	3 ± 0.5

① 针头圆弧半径。

邵氏硬度计的结构简单，实验时用外力把硬度计的钝针压在试样表面上，钝针压入试样的深度如下式：

$$T = 2.5 - 0.025h$$

式中，T 为钝针压入试样深度，mm；h 为所测硬度值；2.5 为压针露出部分长度，mm；0.025 为硬度计指针每度压针缩短长度，mm。

该式反映了钝针压入试样的深度 T 与硬度 h 的关系。钝针压入深度越深，硬度值越小。实验影响因素如下。

（1）温度的影响　当试样温度（或室温）高时，由于高聚物分子的热运动加剧，分子间作用力减弱，内部产生结构的松弛，降低了材料的抵抗作用，因而硬度值降低，反之则硬度值增高，故试样硫化完毕应在规定条件下停放和测试。

（2）试样厚度的影响　试样必须具备一定的厚度，否则，如试样厚度低于要求的厚度，硬度计压针则会受到承托试样用玻璃片的影响，使硬度值增大，影响测试结果的准确性。

（3）读数时间的影响　由于橡胶是黏弹性高分子材料，受外力作用后具有松弛现象，随着压针对试样加压时间的增长，其压缩力趋于减小，因而试样对硬度计压针的反抗力也减小。所以测量硬度时读数时间早晚对硬度值有较大的影响，压针与试样受压后立即读数与指针稳定后再读数，所得结果相差很大，前者高，后者偏低，二者之差可达 5～7 度，尤其在合成橡胶中较为显著。为了统一实验方法，提高数据的可比性，现在规定"在缓慢地受到 1kg 负荷时立即读数"。

（4）压针长度对实验结果的影响　在标准中规定邵氏 A 型硬度计的压针露出加压面的高度为 $2.5^{+0.00}_{-0.05}$mm。在自由状态下指针应指零点。当压针压在平滑的金属板或玻璃上时，仪器指针应指 100 度。如果只是大于或小于 100 度时，说明压针露出高度大于 2.5mm 或小于 2.5mm，在这种情况下应停止使用，进行校正。

（5）压针形状和弹簧的性能对结果的影响　硬度计的锥形压针系靠弹簧压力作用于所测试样上，压针的行程为 2.5mm 时，指针应指于刻度盘上 100 度的位置。硬度计用久后，弹簧容易变形，或压针的针头易磨损，其针头长度和针尖的截面积有变化，均影响测试结果的准确性。有关实验部门测定得知，如针头磨损长度为 0.05mm 时，会造成 1°～3°之差，截面积直径变化 0.11mm 时，就会有 1°～4°的误差，因此硬度计应定期进行压针形状尺寸的检查和弹簧应力的校正，以保证测试结果的可靠性。

三、实验仪器与试样

1. 仪器

邵氏 A 型硬度计。

2. 试样

（1）试样厚度≥6mm，宽度≥15mm，长度≥35mm，如试样厚度低于 6mm 时，可将同种胶片叠起来（不得超过四层）测试。

（2）试样表面应光滑、平整，不应有缺胶、机械损伤及杂质等。

（3）试样必须有足够的面积，使压针和试样接触位置距边缘至少 12mm。

四、实验步骤

测定邵氏硬度的实验步骤和要求，参考 GB/T 531.1—2008。

1. 实验前检查试样，如表面有杂质需用纱布蘸酒精擦净。观察硬度计指针是否指于零点，并检查压针压于玻璃面上时是否指 100。

2. 将试样置于硬度计玻璃面上，在试样缓慢地受到 1kg 负荷（硬度计的底面与试样表面平稳地完全接触）后于 1s 内读数。

3. 试样上的每一点只准测量一次硬度，点与点间距离不少于 10mm。

4. 每个试样的测量点不少于 3 个，取其中值为实验结果。

五、实验结果及数据处理

从读数盘上读取的值即为所测定的邵氏硬度值，符号 H_A 或 H_D 分别表示邵氏 A 和邵氏 D 的硬度。例如：用邵氏 A 硬度计测得硬度值为 50，则表示为 H_A50。实验结果以一组试样的算术平均值表示，同时计算硬度值的标准偏差。

注：使用邵氏硬度计时，当用 A 型硬度计测量所得值超过 90 时推荐使用 D 型硬度计，当使用 D 型硬度计测量所得值小于 20 时推荐使用 A 型硬度计。

六、思考题

1. 能否用机械加工的试样表面进行实验?

2. 测量基础橡胶和硫化橡胶的邵氏硬度时，影响材料邵氏硬度大小的特性有哪些?

实验十一

橡胶屈挠疲劳性能的测定

一、实验目的

1. 了解屈挠疲劳试验机的结构及工作原理。

2. 掌握橡胶屈挠疲劳性能的测定方法及实验数据的处理。

二、实验原理

在反复屈挠硫化橡胶过程中，拉伸应力集中部位将产生龟裂裂口，此裂口在应力垂直的方向上扩展，有些硫化胶虽然具有较好的抗龟裂引发性能，但抗龟裂扩展性能较差，所以用屈挠龟裂方法测定硫化胶的抗龟裂引发和抗龟裂扩展性能都很有必要。

利用偏心轮带动上下两夹持器按一定的距离上下运动使试样受到不停的屈挠，观察在相同的屈挠条件下胶料出现裂口的等级大小或出现相同裂口时的屈挠时间来判断胶料的耐屈挠疲劳性能。本实验参照 GB/T 13934—2006。

三、实验仪器与试样

1. 仪器

屈挠疲劳试验机。

2．试样

（1）将混炼好的胶料装入模具硫化，硫化时模压沟槽应垂直于压延方向。

（2）试样的沟槽应有光滑的表面，不应有缺陷、气泡和杂质等。

（3）试样厚度应严格控制在（6.3±0.15）mm，测厚度时靠近试样沟槽。

四、实验步骤

1. 实验前先调整下夹持器行程为（57±1）mm［即两夹持器的最大距离为（76±0.5）mm，最小距离为（19±0.5）mm］。

2. 将夹持器分开到最大距离，装上试样，使试样平展而不受张力，且其沟槽位于两夹持器中心，当试样屈挠时沟槽应在所形成折角的外侧，以便于观察结果。

3. 开动试验机，屈挠 5000 次停机，把夹持器分到 65mm，检查试样龟裂等级后继续实验，屈挠次数的间隔成几何级数递增，合适的几何级数比值是 1.5。

4. 记录已经完成的屈挠次数和达到的相应龟裂等级。每次实验的试样数不应少于 3 个。

五、实验结果及数据处理

1．龟裂等级

龟裂程度按下列标准分等级。

1 级：试样出现肉眼可见像"针刺点"样的龟裂点，数目为 10 个或 10 个以下；

2 级：龟裂点数目超过 10 个或有个别龟裂点有明显的长度，但长度≤0.5mm；

3 级：龟裂点有明显的长度和较小的深度，长度>0.5mm，但≤1mm；

4 级：最大龟裂点长度>1mm，但≤1.5mm；

5 级：最大龟裂点长度>1.5mm，但≤3.0mm；

6 级：最大龟裂点长度>3.0mm。

2．裂口增长的测定

在试样沟槽部位的中心用规定的刀具预先割口，割口应与沟槽纵轴平行并与试样表面垂直，割口必须一次穿透试样。

取 3 个或 3 个以上试样屈挠次数的算数平均值为实验结果，以裂口长度为纵坐标、屈挠次数为横坐标画出的平滑曲线上可以得出如下结果：

（1）割口从 L 增长到 $(L+2)$ mm 时的屈挠次数；

（2）割口从 L 增长到 $(L+6)$ mm 时的屈挠次数；

（3）割口从 $(L+6)$ mm 增长到 $(L+10)$ mm 时的屈挠次数。

六、思考题

影响橡胶屈挠疲劳性能的因素有哪些？

实验十二

橡胶的热空气老化实验

一、实验目的

1. 了解表征热老化性能的实验方法。
2. 了解热空气老化箱的结构、工作原理。
3. 掌握热空气老化性能指标的表征方法及数据分析。

二、实验原理

橡胶材料在使用、贮存和运输过程中，很容易受温度的影响而发生老化，甚至失去使用价值。为了研究橡胶的耐热性能和开发新型的耐热材料，热老化实验已成为重要的实验研究手段之一。根据所用介质和压力的不同，热老化实验的分类如下。

常压法：热空气老化实验、隔室型热老化实验、试管型热老化实验、湿热老化实验、应力松弛实验；

高压法：高压氧热老化实验、高压空气热老化实验；

吸氧法：吸氧老化实验。

热空气老化实验是硫化橡胶在高温常压下的空气中进行的且最常用的老化实验，也称热氧老化实验。其可用于评价橡胶的耐热性能、防老剂的防护性能、配合剂的污染性能以及筛选配方和推导贮存期等。

三、实验仪器与试样

1. 仪器

热空气老化箱。其应符合下列要求：具有连续鼓风装置以及进气孔和排气孔；箱内装有能转动的试样架；必须有温度控制装置，控制温度的精度在±1℃以内；以老化箱工作室中央的温度作为实验温度；老化箱的空气置换率为3～10次/h。

2. 试样

按照"实验五 橡胶拉伸性能实验"的方法制备哑铃状试样，其尺寸应符合 GB/T 528—2009 的要求。每种试样数量不得少于 10 个，其中 5 个测定老化前的扯断强度等性能，其余的在老化后进行测定。

四、实验步骤

1. 根据实验需要，老化温度可选择 50℃、70℃、100℃、120℃、150℃、200℃、300℃

等。从 50℃到 100℃，温度允许偏差±1℃，从 101℃到 200℃，温度允许偏差±2℃，从 201℃到 300℃，温度允许偏差±3℃。

2. 老化时间可选为 24h、48h、72h、96h、144h 或更长的时间。

3. 在老化实验前测定试样的厚度以及试样的硬度。

4. 将老化箱调至所需要的温度，稳定后，把试样呈自由状态悬挂在老化箱中进行老化实验。每两个试样之间的距离不小于 5mm，试样与箱壁之间的距离不得小于 70mm。当实验区域的温度分布不符合规定时，可缩小实验区域，直到符合规定为止。尽可能避免不同配方的试样在一起进行老化实验。高硫配合、低硫配合、有（无）防老剂以及含氯和氟等挥发物互相干扰的试样必须分别进行老化实验。

5. 试样放入恒温的老化箱内，即开始计算老化时间，到达规定的老化时间时，立即取出。取出的试样在温度（23±2）℃下停放 24h，并在这期间印上标线，按 GB/T 528—2009 的规定测定扯断强度等性能。

五、实验结果及数据处理

1. 实验结果用性能百分变化率表示，计算方法如下：

$$性能百分变化率 = \frac{A - O}{O} \times 100\%$$

式中　A ——试样老化后的性能测定值；

　　　O ——试样老化前的性能测定值。

2. 性能百分变化率的取值精确到整数位。

六、注意事项

1. 实验温度的选择

若温度选取过高，固然可以加速试样老化，缩短实验时间，但可能发生的热分解和配合剂的迁移，都会使挥发有所增加，从而可能使反应过程与实际情况不符，影响实验结果的可靠性。反之，若温度选取过低，老化速度缓慢，实验时间过长，不能满足测试的需要。因此，原则上应在不改变老化机理的前提下，尽可能提高实验温度，以期在较短时间内获得可靠的实验结果。对天然橡胶，一般取 50～100℃；合成胶，一般取 50～100℃；特种胶，如丁腈可用 700～1500℃、硅氟胶可用 200～300℃。总之，可根据实验目的具体确定。

老化箱内温度差对实验结果也有影响，同一箱内各部分温度是不可能完全一致的，实验时温度也总会有波动。老化系数随温度的升高而减小，当老化温度为 100℃时，若温度差为 2℃时，老化系数相差可达 15%。因此在热老化实验中，应尽可能使箱内各处温度分布均匀，并使用灵敏、精确的温度控制装置，使温度波动范围尽量缩小。另外，试样架应能转动，使每一片试样所受的温度控制趋于一致，从而减小实验误差。

2. 试样数量

如果老化箱内所装试样数量太多，会影响箱内空气流动，导致箱内温度分布不均，挥发物不能完全被空气带走，使配合剂有转移的可能，影响实验结果。实验证明，老化箱的容积与试样体积之比不小于 30∶1 时，上述影响很小。

3. 老化箱的型号

如箱内体积不同，箱壁两侧孔的分布和孔径不同，底板有无开孔，鼓风情况不同，都会影响温度在箱内的分布。因此，试样只有在相同型号老化箱内实验才能作比较，否则实验结果会有偏差。

4. 试样老化后停放时间

试样老化后停放时间的长短，对实验结果是有影响的，如不耐老化天然胶、顺丁胶并用，老化后停放 24h 之内，其测试结果变化较大；如停放 1～14 天之后再测试，性能又有所降低。因此，实验规定停放时间在 90h 以内，一般认为停放 24h 后测试较合适。

5. 空气流速

鼓风的作用是使箱内温度均匀，排除老化过程中产生的挥发物、补充新鲜空气，使空气成分保持一致。空气流速大，硫化较快，要选择适当的风速或风量才能获得重现性较好结果。如流速太大，会使箱内温度难以控制，一般流速可通过排风口加以调整。

七、思考题

1. 为什么不同种类的橡胶如天然橡胶、丁腈橡胶、硅橡胶等要选择不同的实验温度？
2. 试样取出后为什么必须在实验室放置 24h 后进行测试？

实验十三

硫化橡胶脆性温度的测定

一、实验目的

1. 了解脆性温度测试仪的结构及工作原理。
2. 掌握硫化橡胶低温脆性温度的测定方法和实验数据的处理。

二、实验原理

高聚物在玻璃态时，分子链运动被冻结。而在玻璃化温度附近分子链段尚有一定的活动能力。高聚物在玻璃化温度以下时，一般不发生高弹形变。但在一定外力作用下，玻璃态下的高聚物也可以拉长 100%～200%，但除去外力后形变不能恢复。只有将高聚物加热到玻璃化温度以上时，形变部分才能自动收缩。这与橡胶的高弹形变不同，但仍属于弹性形变，因为这种形变是在外力作用下使玻璃态的高聚物强制发生的"强迫高弹形变"。当温度继续降低到一定值以下时，高聚物产生高弹形变的极限应力超过了高聚物材料的断裂强度，此时外力只能使高聚物发生断裂，而不能产生强迫高弹形变，这个温度称为高聚物的脆性温度，这是理论上的定义。

通过试样测得的脆性温度是硫化橡胶的特性温度，不代表硫化橡胶及其制品工作温度的下限。可以对不同橡胶材料或不同配方的硫化橡胶在低温条件下的使用性能作比较性的鉴定。

GB/T 15256—2014 标准将脆性温度定义为：在规定的条件下一组试样不产生低温破坏的最低温度。在低温传热介质中，采用具有一定线速度的冲击器对多个试样同时冲击，观察不同温度下试样的破坏情况。

三、实验仪器与试样

1. 仪器

脆性温度测试仪主要由工作台、升降夹持器、冲击装置、低温测温计、装冷冻介质的低温瓶、搅拌器等部分组成。升降夹持器与冲击器的位置及设备的尺寸要求见图 3-13-1。主要技术参数如下。

（1）实验温度为 0～70℃（一般用乙醇作传热介质，用二氧化碳作制冷剂）。

（2）冲击器中心到夹持器下端为（11±0.5）mm，在弹簧压缩状态下，冲击器端部到试片距离为（25±1）mm。

（3）冲击器质量为（200±10）g，其工作行程为（40±1）mm。

（4）冲击弹簧要求

a. 自由状态：直径 19mm，长度 85～90mm。

b. 压缩状态：长度为（40±1）mm，负荷为 11～12kg。

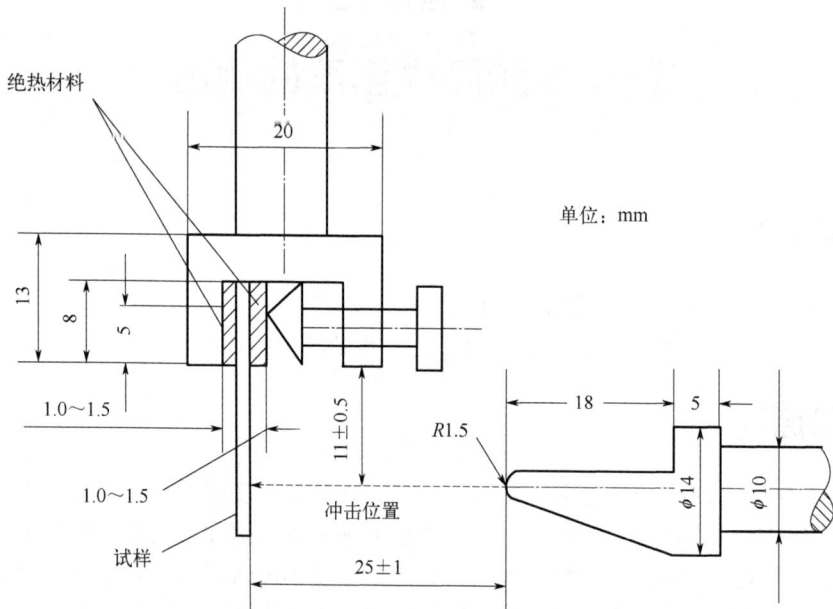

图 3-13-1　升降夹持器和冲击器的位置及设备的尺寸要求

2. 试样

试样长为（25.0±0.5）mm，宽为（6.0±0.5）mm，厚为（2.0±0.3）mm。试样表面应光滑，无外来杂质及损伤，成品应经打磨后裁成相应尺寸。

四、实验步骤

1. 实验准备：按下升降夹持器，安放低温测温计，使测温计的温包与夹持器下端处于同一水平位置，向低温瓶中注入传热介质（一般为工业乙醇），其注入量应以保证夹持器的下端到液面的距离为（75±10）mm 为宜。

2. 在缓慢搅拌下，向传热介质中加入制冷剂（一般用干冰），并调配到所需温度。

3. 提起升降夹持器，将试样垂直夹在夹持器上。夹得不宜过紧或过松，以防止试样变形或脱落。

4. 开始冷冻试样，同时启动时序控制开关（或按动秒表）计时。试样冷冻时间规定为（3±0.50）min。试样冷冻期间，冷冻介质温度波动不得超过±1℃，冷冻温度根据所测定的橡胶类型来确定。

5. 提起升降夹持器，使冲击器在 0.5s 内冲击试样。

6. 取下试样，将试样按冲击方向弯曲180°，仔细观察有无破坏。

7. 试样经冲击后（每个试样只准冲击一次），如出现破坏，应提高冷冻介质的温度，否则降低其温度，继续进行实验。通过反复实验，确定至少两个试样不破坏的最低温度和至少一个试样破坏的最高温度，如这两个结果相差不大于1℃时，即实验结束。

五、实验结果及数据处理

1. 记录实验出现破坏的最高温度，即脆性温度。
2. 温度值应精确到1℃。

六、思考题

试样在进行测量时为什么需要进行冷冻？

实验十四

橡胶耐臭氧老化性能的测定

一、实验目的

1. 了解硫化橡胶、热塑性橡胶的耐臭氧老化性能。
2. 掌握橡胶耐臭氧老化性能的测定方法。

二、实验原理

橡胶在大气中老化变质，臭氧的作用也是一个很重要的原因。臭氧老化先是在表面层，特别容易在应力集中处或配合粒子与橡胶的界面处产生，通常先生成薄膜，然后薄膜龟裂，特别是在动态条件下使用时，薄膜更易不断破裂而露出新鲜表面，使得臭氧老化不断向纵深发展，直到完全破坏。

不饱和橡胶最不耐臭氧，因为臭氧最易与主链上的双键迅速反应，一般认为是亲电子加成反应。同时，由于对橡胶分子的扩散是反应中的最主要阶段，所以反应也取决于外部和内在的物理因素。

臭氧老化的特征：

① 橡胶的臭氧老化是一个表面反应。

② 橡胶发生臭氧龟裂需要一定的应力或应变，未受拉伸的橡胶臭氧老化后表面形成类似喷霜状的灰白色的硬脆膜。在应力或应变作用下，薄膜发生臭氧龟裂。

③ 臭氧龟裂的裂纹方向垂直于受力方向。

本实验采用在含一定浓度臭氧的空气中和规定温度且无光线直接影响的环境中进行的耐臭氧龟裂的实验方法。不同橡胶材料的耐臭氧能力随臭氧浓度和温度的不同有明显差别。

三、实验仪器与试样

1. 仪器

CLM-QL-100 型 臭氧老化试验箱（本实验采用的是小样品，若样品过大可以采用更大型号的试验箱）。

2. 试样

试样数量为 3 个。长条标准试样宽度＞10mm，厚度（2.0±0.2）mm，拉伸前夹具两端间试样的长度＞40mm；哑铃标准试样应该由两端为 12mm×12mm 的正方形和中间宽为 5mm，长为 50mm 的长条构成，见图 3-14-1。

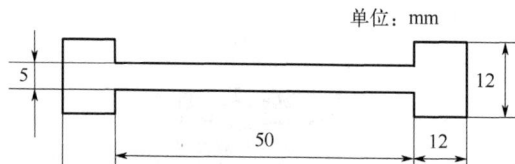

图 3-14-1　长条形试样尺寸

四、实验步骤

1. 臭氧浓度：最适宜浓度为（50±5）×10⁻⁸ [注：臭氧浓度可用臭氧分压（MPa）表示，$1×10^{-8}$ 臭氧浓度相当于 1.01MPa 的臭氧分压]。

2. 温度：最适宜的实验温度为（40±2）℃。[也可根据使用环境选用其他温度，例如，

（30±2）℃或（23±2）℃，但是使用这些温度所得到的结果与使用（40±2）℃时的实验结果有差异。]

3. 相对湿度≤65%。

4. 通常选用下列一种或多种伸长率进行实验：5%±1%、10%±1%、15%±2%、20%±2%、30%±2%、40%±2%、50%±2%、60%±2%、80%±2%。

5. 拉伸后的试样调节：拉伸后试样应该在无光、基本无臭氧的大气中调节48～96h，调节温度应按 GB/T 2941—2006 规定。

五、实验结果及数据处理

方法 A：按规定进行调节后拉伸应变 20%的试样，在臭氧老化试验箱经 72h 后检查试样的龟裂情况，或按适用材料特性选择任一伸长率和暴露时间。

方法 B：按规定采用一种或多种伸长率的试样，并进行调节。仅采用一种伸长率时应采用 20%伸长率，除非另有规定。在 2h、4h、8h、16h、24h、48 h、72h 和 96h 暴露后检查试样，必要时可适当延长暴露时间，并记录各种伸长率的试样出现龟裂的时间。

方法 C：采用不少于四种伸长率的试样，并进行调节。在 2h、4h、8h、16h、24h、48h、72h 和 96h 暴露后检查试样。如果需要可适当延长暴露时间，并记录每种伸长率的试样开始出现龟裂的时间，由此可以测定临界应变。

第四章　纤维性能表征实验

纤维是指长径比很大并具有一定柔韧性的纤细物质，包括天然纤维和化学纤维。化学纤维（化纤）是高分子化合物经过纺丝加工得到的产品。目前，我国是世界化纤生产第一大国，化纤产量已占世界的 60%，在世界化纤行业以及我国国民经济中占据举足轻重的地位。高分子材料经过纺丝成型制得化学纤维，纺丝过程是：将聚合物制成熔体或用其他溶剂将聚合物溶解为黏性溶液，用齿轮泵定量供料，在牵引作用下，物料通过喷丝头，经凝固或冷凝成纤维。主要的纺丝方法有三种：熔融纺丝、干法纺丝、湿法纺丝。纤维性能测试有结晶性能、力学性能、染色性能测试等，掌握纤维物性测试技术，提高测试技术水平，对纤维材料发展有重大意义。

通过纤维性能表征实验进一步加深对高分子成型加工原理的理解，掌握纤维成型加工常用设备的操作方法和基本工艺条件，培养加工配方设计的能力、创新能力，学会独立分析问题和解决问题的方法，养成严谨的科学态度、思维方法和实际动手能力。通过纤维材料性能测试实验，揭示纤维材料的性能机理，用于指导纤维材料的设计；取得可靠的性能数据，用作纤维材料结构设计的基本参数；对材料性能进行检验，作为生产过程中的质量控制手段和最终产品的质量评定依据。

实验一

纤维切片和显微摄影

一、实验目的

1. 学习使用哈氏切片器制作纤维切片。
2. 掌握显微镜摄影方法及数码摄影的相关知识。
3. 熟悉各主要品种纤维的横截面形状。

二、实验原理

大自然赋予了天然纤维各种形态结构，这些结构在多个方面左右着纤维的性能。受大自然的启迪以及研究的不断深入，人类不仅仿造了形似天然纤维的产品，而且创造出了前所未有的各种各样新型纤维。因此利用显微镜进行纤维切片摄影已成为纤维研究与应用不可或缺的手段。

显微摄影是通过显微镜拍摄获取微观世界图像的方法。数码显微摄影装置一般是由光学显微镜与带有电荷耦合器件（CCD）的摄像部分组成，并与计算机连接。拍摄后的照片即时传输到计算机的分析软件，即刻得出结果。因为使用的是数码摄像系统，所以可以方便地对图像进行分析处理和传输，是记录、存储及交流信息的重要手段。

三、实验仪器、试剂与试样

1. 仪器

OLYMPUS 显微镜 BX51（或其他可安装照相装置的光学显微镜）；Y172 型哈氏切片器；不锈钢粗细齿梳子各 1 把；不锈钢尖头镊子和剪刀各 1 把；单或双面刀片若干；载玻片和盖玻片若干。

Y172 型哈氏切片器结构如图 4-1-1 所示。它主要由两块不锈钢板和推杆装置组成，板 1 的一边有凸舌，板 2 的对应处有凹口，两块不锈钢板靠板 2 两边的导槽 8 啮合在一起，由于凸舌长度小于凹口的深度，当两板啮合时，凸舌与凹口间留有一长方形空隙，纤维试样就置于此空隙中。在空隙的正上方有小推杆 5，它由精密螺丝 4 控制。在安放纤维时，整个推杆装置可以固定螺丝 6 为轴转向一边。

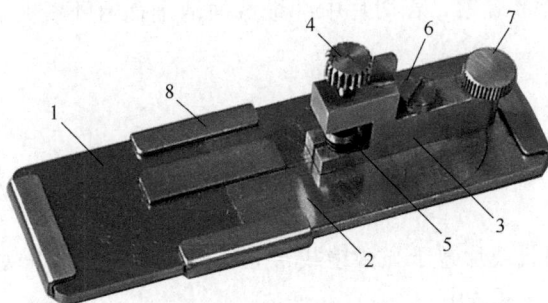

图 4-1-1　Y172 型哈氏切片器

1、2—不锈钢板；3—螺座；4—精密螺丝；5—推杆；6—固定螺丝；7—定位螺丝；8—导槽

2. 试剂

5%胶棉液 30mL。甘油或 1：1 蛋白甘油 30mL。

3. 试样

纤维切片：切片质量直接影响摄影效果。供光学显微镜观察的纤维薄片，主要有机切和手切两种。机切可连续切片连续观察，而且切片可切得很薄很均匀，但操作复杂。手切法较简捷，但制得的切片较厚。本实验采用是使用较广泛的哈氏切片器，可制得 $10\sim30\mu m$ 的切片。

在常见的纤维中，羊毛的纤维切片比较容易制得，而细软的化学纤维切片则相对较难，这时可把难切的化学纤维用羊毛包覆后进行切片，这种方法称为包切法。此外，特殊情况下也可用环氧树脂或聚甲基丙烯酸甲酯包埋试样切制。

四、实验步骤

1. 纤维切片步骤

（1）见图 4-1-1，将精密螺丝 4 旋松，使推杆从凹槽中退出，再旋松固定螺丝 6，把螺座 3 转到与凹槽成垂直位或将推杆装置整体取下。

（2）取适量纤维束，用不锈钢梳子梳理平直后嵌入板 2 的凹槽中，再把板 1 插入并压紧纤维。纤维数量以轻拉纤维束时不易移动为宜。对某些细而软的纤维，理直后可先在 5%胶棉液中浸润半分钟后取出拉直，待胶棉液干涸后再嵌入板 2 的凹槽中，插装好板 1。

（3）用锋利的刀片紧贴不锈钢板两侧切去外露的纤维。

（4）把螺座 3 转回工作位，将推杆对准凹槽中的纤维束，拧紧固定螺丝 6，调节定位螺丝 7，使之松紧适度。

（5）旋转精密螺丝 4，使推杆向下移动而把纤维束稍稍顶出板面，在露出板面的纤维上涂一薄层胶棉液，待其凝固后用刀片贴着板面切下第一片纤维切片，弃去该切片。

（6）重复上述操作一次，就可获得一片纤维切片，每切一片，精密螺丝 4 需转过 1.5～3 格，这样可得厚度均匀的切片。

（7）把切得的纤维切片置于滴有甘油的载玻片上，盖上盖玻片，用镊子轻压盖玻片除去气泡后放在显微镜载台上观察，若切片中纤维截面清晰而且不变形，就符合要求，否则应重切。

2. 显微摄影步骤

（1）缆线连接按使用说明书进行，根据切片试样的厚薄和颜色选用适当的照明光强和滤色镜。

（2）把放有试样的载玻片置于显微镜载台上，打开显微镜主开关，转动亮度调节旋钮，使目镜中观察到的视场亮度适中。

（3）按显微镜操作规程，调节焦距使视场中试样清晰，反差适中。

（4）开启温控系统及计算机，打开控制软件。一般情况下，对亮度和焦距进行微调后便可按动工具栏中带有照相机图形的拍照键，显示器上的图像就会被拍摄下来。将该图像存入为其建立的文件夹。如需要，可启动打印程序，即可获得相应的照片。至此，显微摄影全部完成。

五、实验结果及数据处理

除按一般实验报告要求外，还要求另附不同品种纤维横截面照片。

六、思考题

1. 影响纤维切片质量的主要因素是什么？

2. 显微摄影的操作要领是什么？

实验二

纺织纤维的鉴别

一、实验目的

1. 学习显微镜法燃烧法、溶解法鉴别各种纤维的方法。
2. 熟练掌握手切法制作纤维切片的技术。

二、实验原理

纤维鉴别通常采用的方法有显微镜法、燃烧法、溶解法、熔点法等。对一般纤维，用单一的方法或用这些方法的组合便可比较准确、快捷地完成鉴别。否则将需借助红外光谱仪、气相色谱仪、热分析仪、X射线衍射仪和电子显微镜等仪器进行分析。

本实验采用常规方法对纤维进行鉴别。纤维鉴别就是利用各种纤维的外观形态和内在性质的差异，采用物理、化学等方法将其区分开来，一般采用如下三个步序。

1. 显微镜法

天然纤维中，棉、毛、麻、丝由于动植物物种的差异及形成纤维的过程不同，致使纤维形态各异。化学纤维由于纺丝方法、成型条件不同，横截面形状也有所不同。借助显微镜观察纤维纵向外形、截面形状或配合染色等方法，可以进行大致区分，对形态特征典型的试样即可进行较准确的判断。利用显微镜法进行观察，首先能够判别样品是否为单一纤维构成，进而考虑是否需要分开鉴别。常见的几种纤维的形态特征见表4-2-1。

表4-2-1　常见纤维的形态特征

名称		横截面	侧面
棉		腰子形或马蹄形，有中空	扁平带状，条纹卷曲不规则
麻	亚麻	五至六角形，有中空	有条纹，有结节
	大麻	多角至圆形	有条纹，有结节
	黄麻	五至六角形	光滑，处处有结点
	苎麻	扁平圆形，有中空	纤维纵向有条纹，并带有竹节状横节
羊毛		圆形或椭圆形	表面粗糙，有横纹似鳞片状
蚕丝		多数呈三角形，角是圆的，四周有规则	表面光滑，长形无条纹
黏胶纤维		锯齿星形	纤维方向有清晰条纹
黏胶纤维（强力）		锯齿形	纤维方向有清晰条纹

名称	横截面	侧面
铜氨纤维	圆形或近似圆形	表面光滑
醋酯纤维	三叶草的形状，少数有豆状	表面有1～2根条纹
三醋酯纤维	熔岩型	有凸凹表面
醋酸化醋酯纤维	心形	表面平滑
维纶	蚕茧状或腰子状，有透明边状	沿纤维轴方向有粗的条纹
锦纶	一般为圆形，但也有各种异形截面产品	表面光滑
涤纶	一般为圆形，但也有各种异形截面产品	表面光滑
腈纶	圆形、哑铃状、有空穴结构	表面光滑，有条纹
丙纶	圆形	大多数表面光滑，部分产品呈瘢痕表面
聚氨酯纤维	粗骨形	表面有不明显条纹
大豆纤维	哑铃形	表面有不规则长方形凹槽
甲壳素纤维	近似圆形	表面有不规则微孔

2. 燃烧法

不同纤维的化学组成不同，可以根据各种纤维燃烧现象进行鉴别。譬如，棉花与黏胶、麻类等纤维素纤维的主要成分均为纤维素，因此在与火焰接触时迅速燃烧，离开火焰后会继续燃烧，且伴有烧纸（主要成分亦为纤维素）气味，燃烧后留下少量灰烬；羊毛之类的动物纤维接触火焰时也能燃烧，燃烧时散发出类似烧头发的强烈臭味，这是因为它们的组成主要是角质蛋白，燃烧完毕留下黑色松脆的灰烬。上述方法能够粗略地区分纤维的大类。合成纤维一般组成差异较大，接近火焰时，也有各种气味，但很难从中确切判断纤维品种。各种常见纤维的燃烧特征见表4-2-2。

燃烧法简单易行，无需特殊的设备和仪器，但比较粗糙，仅能进行大致的区分。这种方法不适于混合的纤维及经阻燃处理的纤维。

在纤维燃烧过程中可给出很多信息，如燃烧的状态，火焰的颜色，散发出的气味，燃烧后灰烬的颜色、形状和硬度等，均可作为鉴别的依据。纤维受热后释放出的气体可以是酸性、中性或碱性，对气体进行分析也会有助于纤维区分。即将纤维试样放入试管，加热试管，用pH试纸在试管口检验。

酸性：棉、麻、黏胶纤维、铜氨纤维、醋酸纤维素纤维、维纶、氯纶；

中性：丙纶、腈纶；

碱性：羊毛、蚕丝、锦纶等。

表4-2-2　常见纤维的燃烧特征

纤维种类	燃烧情况	气味	灰烬颜色及形状
棉	易燃，黄色火焰，烧焦部分呈黑褐色	似烧纸	量少，灰末细软，呈浅灰色
麻	同棉	同棉	同棉

续表

纤维种类	燃烧情况	气味	灰烬颜色及形状
羊毛	徐徐冒烟起泡，同时放出火焰而燃烧	似烧毛发	量少，黑色有光泽，脆，呈块状
蚕丝	燃烧缓慢，燃烧时缩成一团	似烧毛发	黑褐色小球，手指捻压即碎
黏胶纤维	近火即燃，燃烧快，黄色火焰	似烧纸	量少，呈灰色或灰白色
铜氨纤维	同棉，烧焦部分比棉黑	同棉	同棉，灰量比棉少
醋酯纤维	缓慢燃烧	似醋酸刺激味	灰色光亮硬块或小球
涤纶	边熔化边缓慢燃烧，无烟或略显黄色火焰	芳香族化合物气味	黑褐色硬块，用手可捻碎
锦纶	冒黑烟，边熔化边缓慢燃烧，火焰很小	有氨臭味	浅褐色硬块，不易捻碎
腈纶	边熔化边缓慢燃烧，火焰呈白色，明亮，有时略有黑烟	似鱼腥臭味	黑色硬块，脆，易碎
丙纶	边卷缩边熔化燃烧，火焰明亮	似烧石蜡	黄褐色硬块
维纶	燃烧时纤维迅速收缩，燃烧缓慢，火焰很小	有特殊臭味	褐色硬块，可用手捻碎
氯纶	难燃，接近火焰时收缩，离火即熄灭	有氯的刺激气味	不规则硬块，不易捻碎

3. 溶解法

溶解法是利用各种纤维在不同的化学溶剂中的溶解特性来鉴别纤维的。采用这种方法，试剂准备简单，准确性较高，且不受混纺、染色的影响，故应用范围较广。对于混纺纤维可用一种试剂溶去一种组分，从而进行定量测定。常见纤维的溶解情况见表4-2-3。由于一种溶剂往往能溶解多种纤维，因此，需要进行几种溶剂的溶解实验，才能最终确认鉴别结果。

表 4-2-3　常见纤维的溶解情况

项目	5%氢氧化钠	20%盐酸	35%盐酸	60%硫酸	70%甲酸	40%甲酸	冰醋酸	铜氨溶液	65%硫氰酸钾	次氯酸钠	80%丙酮	100%丙酮	二甲基甲酰胺	四氢呋喃	2:1苯:环己烷	3:2苯酚:四氯乙烷
温度/℃	沸腾	室温	室温	23～35	23～35	沸腾	沸腾	18～22	70～75	23～25	23～25	23～25	40～45	23～25	40～45	40～45
时间/min	15	15	15	20	10	15	20	30	10	20	30	30	20	10	30	20
棉	×	×	×	√	×	×	×	√	×	×	×	×	×	×	×	×
麻	×	×	×	√	×	×	×	×	×	×	×	×	×	×	×	×
蚕丝	√	×	√	√	√	×	×	√	×	√	×	×	×	×	×	×
羊毛	√	×	×	×	--	×	×	×	×	√	×	×	×	×	×	×
黏胶纤维	×	√	√	√	√	×	×	√	×	○	×	×	×	×	×	×
醋酯纤维	×	×	√	√	√	√	√	×	○	×	√	√	√	√	√	×
锦纶	×	√	√	×	√	√	√	×	×	×	×	×	×	×	×	√
维纶	×	√	√	√	√	√	√	×	×	×	×	×	×	×	×	√
涤纶	×	×	×	×	×	×	×	×	×	×	×	×	×	×	×	√
腈纶	×	×	×	×	×	×	×	×	√	×	--	○	√-	√	×	√
氯纶	×	×	×	×	×	×	--	×	×	×	√	○	√	×	×	○-×
偏氯纶	×	×	×	×	×	×	×	×	×	×	×	×	×	×	×	×

注：√溶解、√-可溶解、○较难溶解、○-×难溶解、×不溶解、--未做测试。

三、实验仪器、试剂与试样

1. 仪器

哈氏切片器、光学显微镜、酒精灯、刀片、镊子、梳子、烧杯、试管、玻璃棒、载玻片、盖玻片、1mm×3mm×8mm 的塑料管等。

2. 试剂

5%NaOH 溶液、35%HCl 溶液、70%H_2SO_4 溶液、40%甲酸、冰醋酸、铜氨溶液、65%硫氰酸钾、丙酮、二甲基甲酰胺、四氢呋喃、苯酚和四氯乙烷混合液（1：1 质量比）等。

3. 试样

棉、毛、黏胶纤维、醋酸纤维素纤维、涤纶、锦纶、腈纶、维纶、氯纶等。

四、实验步骤

1. 显微镜法

首先将需要鉴别的纤维用哈氏切片器切成薄片，置于滴有少许甘油的载玻片上，然后覆盖上盖玻片，即可进行观察，并粗略描绘其形状。也可采用简易手切法。该法所用工具包括 1mm×3mm×8mm 的塑料管、刀片、载玻片、铜丝等。将纤维梳理成平行的纤维束，再用细铜丝钩住穿进塑料管，纤维的数量以恰好充满塑料管，略感张力为宜。横切此塑料管，便可获得含有纤维的薄片，用镊子将薄片夹放于载玻片上，然后置于显微镜载物台上进行观察，记录各种纤维的横截面形状。与上述方法相似，将纤维束穿入 20mm×20mm×1mm 金属片上直径约 1mm 的小孔，然后紧贴金属片切掉两侧的纤维，含在小孔里的纤维也可在显微镜下进行横截面观察。

2. 燃烧鉴别法

将需鉴别的纤维理成一束，用镊子夹住一端，使另一端慢慢靠近然后远离酒精灯火焰，仔细观察此过程中纤维的燃烧状态、发烟情况，辨别散发的气味，注意其冷却后的残渣性状。

3. 溶解法

将少量纤维置于小试管中，注入某种溶剂或溶液，摇动试管或用玻璃棒搅拌 5～15min，仔细观察溶解情况：溶解、不溶解、溶胀或部分溶解。室温下变化不明显时，还需将溶液缓慢加热至一定的温度甚至沸腾。加热过程须在通风橱内进行，使用易燃溶剂时，不能用明火直接加热。

五、实验结果及数据处理

将显微镜法、燃烧法及溶解法获得的鉴别结果与相关资料进行参照比对，以图、表方式汇总。

六、思考题

1. 影响纤维溶解的因素有哪些？如何确定涤毛混纺纤维的配比？
2. 如何从纤维的化学组成来说明燃烧时产生的气味、燃烧后残渣的形态等燃烧特征？
3. 从天然纤维和合成纤维形成的过程说明其形态结构的特殊性。

实验三

纤维吸湿性的测定

一、实验目的

1. 了解纤维的回潮率、含水率的概念。
2. 掌握纤维吸湿性的测定方法和实验结果分析。

二、实验原理

试样在烘箱中暴露于流动的加热至规定温度的空气中，直至达到恒重。烘燥过程中的全部质量损失都作为水分的损失，并以含水率和回潮率表示。具体测定参照 GB/T 9995—1997 标准。

含水率——规定条件下测得的纤维中水的量，以试样的烘前质量与烘干质量的差值对烘前质量的百分率表示。回潮率——规定条件下测得的纤维中水的量，以试样烘前质量与烘干质量的差值对烘干质量的百分率表示。

$$含水率（\%）=\frac{G-G_0}{G}\times100$$

$$回潮率（\%）=\frac{G-G_0}{G_0}\times100$$

式中，G 为纤维湿重，g；G_0 为纤维干重，g。

不同的纤维试样，因内部结构、含水量及试样各部分在烘箱内暴露程度的不同而有不同的烘燥时间特性，为防止产生虚假的烘燥平衡，不同的试样应采用不等的烘燥时间（表 4-3-1）及连续称重的时间间隔。为确定合适的烘燥时间及连续称重的时间间隔，可先做几次预备性实验，测出相对于烘燥时间的试样质量损失，画出其失重与烘燥时间的关系曲线（即烘燥特性曲线），从曲线上找出失重至少为最终失重的 98% 所需时间，作为正式实验的始称时间，用该时间的 20% 作为连续称重的时间间隔。箱外冷称所采用的连续称重时间间隔比箱内热称要长一些。

本实验中，首先将试样放入烘箱内烘 90min 后，晾凉称重；再放入烘箱烘 60min 并称重，若两次质量之差与后一次质量之比小于 0.1%，则以后一次质量为烘干质量（恒重）。

表 4-3-1　常见纤维的烘燥时间

材料	烘燥温度/℃
腈纶	110±2
氨纶	77±2
桑蚕丝	140±2
其他所有纤维	105±2

三、实验仪器与试样

1. 仪器

Y802 型或 Y802A 型烘箱，天平，干燥器，称重容器（称量瓶）。

2. 试样

各种纤维原料。

四、实验步骤

1. 称取烘前质量

取样后应立即快速地称取试样，并记录其烘前质量，精确至 0.01g，如果对烘前质量有规定，则应在样品容器打开以后不超过 30s 的时间内将试样调整至规定质量。

2. 烘燥及确定烘干质量

把试样放在称重容器内，然后一起放入烘箱，敞开称重容器，在规定的温度下烘燥至恒重。连续称重之间的时间间隔 1.5h，如果用玻璃称量瓶，瓶盖应与瓶子一起放入烘箱内烘燥，否则瓶子在冷却时收缩可能使瓶盖太紧而不能揭开，甚至使瓶子破裂。

称重时，在烘箱内将称重容器盖好，移至干燥器内，盖好干燥器。在称重容器和试样冷却过程中，揭开干燥器盖子 2~3 次，轻轻提起称量容器的盖子片刻以平衡压力。再把干燥器盖子盖好。当冷却至室温时，取出装有试样的称重容器一起称重，精确至 0.01g，再将称重容器与试样放回至烘箱内，打开称重容器盖，按确定的时间间隔重复烘燥、冷却和称重，直至恒重，记录试样和称重容器合在一起的最后质量和空称重容器的质量。

五、实验结果及数据处理

1. 计算试样的烘干质量

$$G_0 = B - C$$

式中，G_0 为试样的烘干质量，g；B 为烘至恒重的试样连同称重容器的质量，g；C 为空的称重容器质量，g。

2. 计算含水率或回潮率

光学天平、单臂天平读数可至 0.0000。每份试样的含水率或回潮率，精确至小数点后两位；几份试样的平均值，精确至小数点后一位。

六、思考题

影响实验结果的因素有哪些？从实验结果归纳出纤维种类与吸湿性能间的关系。

实验四

密度梯度法测定纤维密度

一、实验目的

1. 掌握密度梯度法测定纤维密度和结晶度的基本原理。
2. 学会以连续注入法制备密度梯度管及用精密比重小球法标定密度梯度管的技术。
3. 利用密度梯度法测定纤维的密度并计算纤维的结晶度。

二、实验原理

密度是纤维的一个重要物理参数，是纤维内在结构特点的一种表征。测定纤维的密度不但可以了解纤维的基本物理性能，而且可作为研究纤维的某些超分子结构和形态结构的一种有效手段。测定纤维密度还能鉴别纤维品种，定量分析二元混纺纱线及织物中某一纤维含量和混合均匀度，计算中空纤维的中空度和复合纤维的复合比例等。因此对纤维密度的研究具有较大的理论意义和实际意义。

测定纤维密度的方法很多，密度梯度法由于具有设备简单、操作容易、应用灵活、准确快速，并能同时测定在一个相当密度范围内不同密度试样的特点，近年来得到了广泛的应用，尤其是对于密度相差较小的试样更是一种有效的高灵敏度的测定方法。

密度梯度法是利用悬浮原理来测定固体密度的一种方法，密度梯度管将两种密度不同而又能相互混合的液体在玻璃管中进行适当的混合，使混合的液体从上部到下部的密度逐渐变大且连续分布形成梯度。管中混合液体密度形成梯度的原因是扩散速度与沉降速度相等时分散体系达到了平衡。

密度梯度管配制后须进行标定，作出密度-高度关系曲线，如图 4-4-1 所示。然后向管中投入被测试样，根据悬浮原理，试样在液柱中静止时，此平衡位置的液层密度恰等于试样密度。因此只要测出管中试样的体积中心高度，就可以从规范曲线上求出被测试样的密度值。

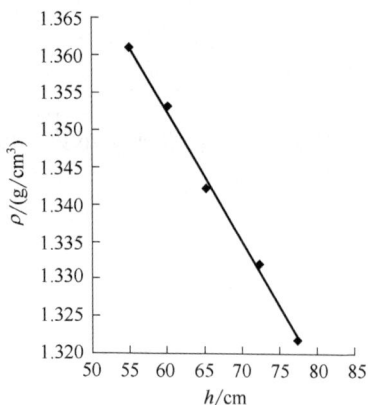

图 4-4-1　梯度管的密度-高度曲线
（正庚烷-四氯化碳混合体系）

1. 拟定密度梯度管的测定范围

密度梯度管的可测定范围在上限（液体底部的密度 ρ_b）和下限（液体上部的密度 ρ_a）之间。实验前应先根据被测试样的密度范围确定梯度管的上限 ρ_b 和下限 ρ_a，通常上限应比试样的最大密度略高，下限应比试样的最小密度略低。本实验上限 ρ_b 和下限 ρ_a 分别应比试样最大、最小密度增大和减小 $0.005 g/cm^3$。

2. 选择配制密度梯度管的液体

许多液体都可以用来配制密度梯度管，但在实际应用中要求所用的两种液体必须相互不起化学反应；黏度和挥发性较低；能相互混合并且在混合中有体积加和性；不被试样吸收且对试样是惰性的；对试样不发生溶剂诱导效应；价廉、易得并且密度相差要适当（既能满足一定的测定密度的范围又要保证较高的灵敏度）。

具体选择何种溶液体系应根据试样的性质而定。一般纺织纤维通常选用二甲苯-四氯化碳体系，但丙纶溶于二甲苯，故通常选用异丙醇-水体系（也可以用乙醇-水体系，但它们会发生缔合而使混合液发热，使密度的测定值偏低）；由于二甲苯对涤纶的结晶度也有影响，故本实验选用正庚烷-四氯化碳体系。

3. 轻液和重液的配制

在配制梯度管之前需先根据所需密度梯度管上、下限的密度要求配制两份密度均匀的溶液，分别称为重液和轻液。为了保证密度梯度管的高度灵敏，轻液和重液的密度差应小于 $0.08 \sim 0.12 g/cm^3$。表 4-4-1 列举了几种化学纤维试样可选用的轻液和重液的密度范围，以供参考。

表 4-4-1　某些纤维试样可选用的轻、重液密度范围

试样名称	试样密度/（g/cm³）	轻液密度/（g/cm³）	重液密度/（g/cm³）
涤纶卷绕丝	1.336	1.31	1.39
涤纶成品丝	1.390	1.36	1.45
锦纶卷绕丝	1.13~1.15	1.10~1.12	1.18~1.20
黏胶丝	1.52~1.51	1.49	1.56
丙纶	0.90~0.92	0.85~0.90	0.92~0.95

4. 密度梯度的配制及标定

在配好轻液和重液以后即可进行密度梯度管的配制。密度梯度管的标定方法有比色法、液滴法、精密比重小球法、折光指数法等。本实验采用精密比重小球法。

选择数粒（一般 5 粒）符合所配制的梯度管密度范围的规范玻璃小球（最好其密度间隔

相同），按密度由大到小依次轻轻地投入梯度管内，平衡 2h 后用测高仪测出每一小球的体积中心高度（若梯度管上有刻度，可直接读取）。然后在坐标纸上由小球密度对小球高度作图，即得密度梯度的标定曲线。要求此曲线必须是直线，则需加入接近该点密度的轻液或重液进行补正，使小球移动以位于直线上，再经平衡即可使用，若有数个小球偏离直线较远，则应重新配制梯度管。

标定以后，规范小球留在梯度管内作为参考点，以便复验和计算。

若在梯度管的某一区域内，密度的变化与高度的变化呈直线关系，则这样的密度可以用内插法计算：

$$\rho = \frac{\rho_2(h_1 - h) + \rho_1(h - h_2)}{h_1 - h_2}$$

式中，ρ 为被测试样密度；ρ_1 为位于试样小球上方的规范小球的密度；ρ_2 为位于试样小球下方的规范小球的密度；h_1 为 ρ_1 对应的规范小球的高度；h_2 为 ρ_2 对应的规范小球的高度；h 为被测样品的平均高度。

5. 测定纤维密度的应用实例

（1）用密度法求结晶度　由于结晶高聚物具有晶相和非晶相共存的结构状态，因而假定纤维的比容积（密度的倒数）是晶相的比容积与非晶相的比容积的线性加和，则可由下式计算其结晶度：

$$f_c = \frac{\rho_c(\rho - \rho_a)}{\rho(\rho_c - \rho_a)} \times 100\%$$

式中，f_c 为试样的结晶度，以质量百分比表示；ρ_c 为试样全结晶时的密度；ρ_a 为试样全无定形时的密度；ρ 为实测试样的密度。

ρ_c、ρ_a 可以从文献上查得。一些纤维的 ρ_c 和 ρ_a 列于表 4-4-2。

表 4-4-2　某些纤维的晶态与非晶态的密度

纤维名称		密度/（g/cm³）	
		ρ_c	ρ_a
涤纶		1.445	1.336
尼龙 66		1.22~1.24	1.069
尼龙 6	α_B 型	1.230	1.085
	α 型	1.174	
	β 型	1.150	
	γ 型	1.159	
聚乙烯醇		1.345	1.267
丙纶		0.936	0.845
天然纤维素		1.592	1.486
再生纤维素		1.583	1.456

（2）用密度法求复合比　复合比是指组成某种复合纤维的各组分的百分含量。假定复合纤维的比容积也具有加和性，则若设 $\rho_{复}$ 为复合纤维的密度，可根据下式求得复合纤维中某一组分的体积百分含量：

$$\rho_{复} = \rho_A \times C_{VA} + \rho_B(1 - C_{VA})$$

式中　ρ_A——复合纤维中纯 A 组分的密度，g/cm^3；

ρ_B——复合纤维中纯 B 组分的密度，g/cm^3；

C_{VA}——复合纤维中 A 组分的体积百分含量（体积复合比），%。

如要求得质量复合比，则可根据上式：

$$C_{WA} = C_{VA}\frac{\rho_A}{\rho}$$

式中，C_{WA} 表示复合纤维中 A 组分的百分含量（质量复合比）。

（3）用密度求中空度　中空纤维的中空度是表示中空纤维中空程度的指标，一般以纤维横截面的中空部分面积（S_0）与横截面积（S）之比表示。测得中空纤维的密度后可由下式计算其中空度：

$$\frac{S_0}{S} = \frac{(\rho_{实} - \rho_{空})}{\rho_{实}} \times 100\%$$

式中，$\rho_{空}$ 为某段中空纤维的密度；$\rho_{实}$ 为与该段中空纤维的长度、横截面积和组成均相同的非中空纤维在相同条件下测得的密度。

三、实验仪器、试剂与试样

1. 仪器

水浴恒温槽（长方形或圆形均可，高度与梯度管高度相当）；恒温装置；晶体管继电器；导电表（0～50℃）；电动搅拌器；电热棒；精密温度计（1～50℃）；磨口塞玻璃管（梯度管）；磁力搅拌器；平底三角烧瓶及两通管；玻璃毛细管（孔径 0.1cm）；精密比重小球（规范玻璃小球）；韦氏天平秤；索氏萃取器；真空烘箱；电动离心机（转速 2000r/min）；测高仪。

2. 试剂

正庚烷［化学纯（CP），25℃时密度 0.6837g/cm³］；四氯化碳（CP，25℃时密度 1.596g/cm³）。

3. 试样涤纶。

四、实验步骤

1. 纤维试样的准备

为了准确测定纤维的密度，试样必须经过一系列处理。

（1）脱油：把纤维整理成束，用过滤纸包好置于索氏萃取器，用乙醚循环脱油 1.5～3h（回流 10～15 次）。操作时应严格控制温度（水浴温度不超过 45℃），以免乙醚大量溢出造成事故。（也可把纤维束在乙醚或四氯化碳中浸泡 2h 进行脱油。）

经脱油的纤维须用打结扣的方法使它成为直径 2～3mm 的小球。打结时必须轻柔，不能使试样有任何拉伸行为，特别对未拉伸纤维应更加注意。

（2）干燥：将脱油的纤维小球置于真空干燥箱内，在一定温度（对涤纶一般为 45℃）及不大于 133.3Pa（1mmHg）的真空度下干燥 2h，取出后放在干燥器内平衡 30min。

（3）脱泡：将纤维小球从干燥器中取出后立即置于盛有 1～2mL 轻液的离心管中，在 2000r/min 的离心机中脱泡 2min 后迅速投入梯度管中。一种试样投 5～10 个球，化学纤维一般 4h 内即可读数（本实验取 2h），天然纤维 24h 后方可读数。

2. 测定与计算

用测高仪测定数个小球在梯度管中的高度（读数精确至 0.01mm），取其平均值，然后在已作出的规范曲线上找出该试样对应的平均密度值。

五、实验结果及数据处理

1. 密度梯度的标定

密度梯度的标定表

项目	1	2	3	4	5
规范小球的密度/（g/cm³）					
规范小球高度/cm					

绘制密度梯度管的 ρ 对 h 的标定曲线。

2. 试样的测试结果

试样的测试结果　　　　　　　　　试样名称：

项目	1	2	3	4	5
试样高度/cm					
试样平均高度/cm					

在 ρ-h 曲线上查得试样的密度（g/cm³）。

用内插法计算得试样的密度（g/cm³）。

3. 计算试样的结晶度、复合比、中空度（此项根据试样内容而定）

六、思考题

1. 为了准确地测定纤维密度，实验中应注意哪些方面？

2. 密度梯度管的稳定性和持久性与哪些因素有关？

3. 列举测定纤维密度的其他方法，并比较其优缺点。

实验五

色那蒙补偿法测定纤维双折射

一、实验目的

1. 掌握用色那蒙补偿法测定纤维双折射率的原理。
2. 熟悉偏光显微镜的结构和使用方法。

二、实验原理

天然纤维和经过拉伸取向后的化学纤维中大分子链以取向状态排列，使其力学、光学等物理性质出现各向异性。光学的各向异性表现为双折射现象。因此可以通过测定纤维双折射率大小来研究大分子链的取向情况。

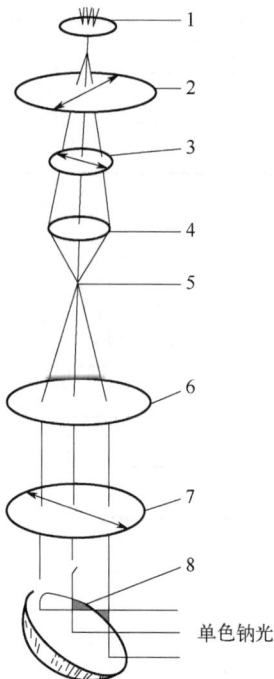

图 4-5-1　色那蒙补偿法光学系统
示意图

1—目镜；2—检偏镜；3—λ/4 玻片；

4—物镜；5—纤维试样；6—聚光镜；

7—起偏镜；8—反光镜

纤维双折射率测定的方法很多，应用最普遍的是浸没法和光程差法。本实验采用的色那蒙补偿法属于后者，其实验方法比浸没法简单，但只适用于整个截面取向均匀的圆形纤维。

1. 双折射率与光程差的关系

色那蒙补偿法测定纤维双折射率的光学系统如图 4-5-1 所示。

由钠光灯发出的单色光透过起偏镜后是一束平面偏振光，其振动方向和起偏镜的光轴方向相同。当这样一束平面偏振光进入纤维时，因为纤维具有双折射性质而被分解为两束振动方向相互垂直的分光。一束分光的振动方向垂直于纤维轴，称为 o 光；另一束分光的振动方向平行于纤维轴，称为 e 光。在正单轴晶体中（纤维一般为正单轴晶体），o 光的折射率 n_o 小于 e 光的折射率 n_e。而光线的传播速度和折射率成反比，因此振动面平行于纤维轴的光线（e 光）速度较慢，称为慢光，设此慢光在纤维中的速度为 $v_{\parallel}$；振动面垂直于纤维轴的光线（o 光）速度较快，称为快光，设此快光在纤维中的速度为 $v_{\perp}$。设 $t_{\parallel}$、$t_{\perp}$ 分别为两平面偏振光在纤维中通过路程 D 所需时间，则 $t_{\parallel}=D/v_{\parallel}$；$t_{\perp}=D/v_{\perp}$。因为 $v_{\parallel}<v_{\perp}$，所以 $t_{\parallel}>t_{\perp}$。因为两个平面偏振光从纤维中透出后进入空气中的传播速度相等，因此 $v(t_{\parallel}-t_{\perp})$ 就是在传播中快光（o 光）超前慢光（e 光）的

距离，即光程差。设光程差为 R，则

$$R = \nu(t_{\parallel} - t_{\perp}) = \nu\left(\frac{D}{\nu_{\parallel}} - \frac{D}{\nu_{\perp}}\right) = D\left(\frac{\nu}{\nu_{\parallel}} - \frac{\nu}{\nu_{\perp}}\right)$$

由折射定律可得平行与垂直偏光的折射率分别为：

$$n_{\parallel} = \frac{\nu}{\nu_{\parallel}}, \quad n_{\perp} = \frac{\nu}{\nu_{\perp}}$$

所以

$$R = D(n_{\parallel} - n_{\perp}) = D\,\Delta n$$

上式表明，光程差 R 等于偏振光在纤维中通过的距离 D 和纤维双折射率差 Δn 的乘积。因偏振光在纤维中通过的距离 D 即等于纤维平均直径 d，所以双折射率差 Δn 可表示为：

$$\Delta n = \frac{R}{d}$$

由此可知，具有各向异性的纤维材料，其双折射率直接与快、慢光之间的光程差有关。通常把色那蒙补偿法归属于光程差法，其原因也在于此。

平面偏振光射入纤维后分散成的 o 光和 e 光之间的光程差也可以用位相差来表示。光程差 R 和位相差 δ 之间的关系为：

$$R = \frac{\delta}{2\pi}\lambda \tag{4-5-1}$$

式中，λ 为光的波长。

2. 两束平面偏振光的叠加

平面偏振光在射入具有各向异性的纤维材料时会分解为两束互相垂直的 o 光和 e 光，但在离开纤维后这两束光又会相互叠加成混合光。由于两束光之间存在一定的位相差 δ，则根据 δ 的不同，其叠加后的混合光一般都是椭圆或圆振动，仅在某些特殊情况下才是直线振动。

对卷绕丝样品来说，因为其取向度小，通过卷绕丝后两个分光的光程差不满一个 λ，其合振动就属于椭圆偏振光。另外，牵伸丝样品取向度较大，通过牵伸丝后两分光的光程差不是恰好为波长的整数倍，还有不满一个波长的小数部分，与这个小数部分位相差相对应的合振动也属于这种情况。

因为椭圆偏振光的电矢量振动方向随时都在发生变化，所以它与检偏镜光轴方向之间没有一个固定的夹角，无法用旋转检偏镜的方法在视野中找到完全消光的位置，也就无法确定相位相差来求得双折射值。因此就需要使用补偿法把椭圆偏振光变为平面偏振光。

3. 椭圆偏振光变为平面偏振光的补偿原因

（1）当 o 光与 e 光位相差为 $\frac{\pi}{2}$ 奇数倍时，合振动方程可简化为：

$$\frac{Y^2}{A_e^2} + \frac{Z^2}{A_o^2} = 1$$

式中，Y 表示 e 光的振幅分量；Z 表示 o 光的振幅分量；A_e 表示 e 光的振幅，即 e 光在振动方向上的最大位移；A_o 表示 o 光的振幅，即 o 光在振动方向上的最大位移。

此时合振动为正椭圆。其长、短轴分别与 o 光、e 光的振动方向相同。即：若合成后的椭圆偏振光长、短轴分别与合成前的 o 光、e 光振动方向相同时，则 o 光、e 光之间有 $\dfrac{\pi}{2}$ 的位相差。

（2）$\lambda/4$ 玻片的作用：由于合振动方程在一般位相差情况下为斜椭圆，无法用旋转检偏镜的方法在视野中找到完全消光的位置，因此就需要使用补偿的办法，将椭圆偏振光变为平面偏振光。其方法是在光路中加入一片 $\lambda/4$ 补偿片（又称色那蒙补偿片）。

① 补偿后的平面偏振光的振动方向与起偏镜光轴方向之间的夹角 θ（又称为补偿角）为 o 光与 e 光位相差的二分之一。可以通过求出补偿角 θ 而进一步求出通过纤维后 o 光与 e 光的位相差，继而求出双折射率 Δn。

② 补偿后的平面偏振光的振动方向与原检偏镜方向不垂直，使显微镜视野中的纤维呈现光亮，光亮程度和 θ 角大小有关。如逆时针旋转检偏镜，当检偏镜光轴方向与补偿后的平面偏振光振动方向又保持垂直时，视野中的明亮纤维又变成黑暗，则此时检偏镜旋转的角度 θ 即等于补偿角 θ。补偿角的两倍即是两分光的位相差。如遇到补偿角 θ 大于 90° 的情况时，则逆时针旋转检偏镜就找不到全消光的位置，此时就需顺时针旋转检偏镜，使纤维中间部分的亮条纹变成黑暗。设此旋转角为 β，则补偿角 $\theta=180°-\beta$。

测定牵伸丝补偿角时，视野中出现的干涉图样可能呈现两种情况：一种是最内一个干涉环的两条黑线并未并拢，中间的光亮部分为不满一个波长的小数部分，它的位相差大小由上述方法测定（通过卷绕丝的两分光的光程差也由上述方法测定）。另一种干涉图样是：最内一个干涉环的两黑线已并拢，但还未到最暗。这就可能有两种情况，其一是最内一条黑线和前一个干涉环间的光程差超过一个波长，为 $\lambda+\Delta\lambda$，所以计算光程差时最内一环应计入干涉条纹数 n，再加上光程差为 $\Delta\lambda$ 的部分。其二是最内一条黑条纹和前一条黑条纹间光程差还不满一个 λ，为 $\lambda-\Delta\lambda$，所以计算光程差时最内一环不计入 n 中，补偿角按 θ 计算；若最后一环计入 n 中，则光程差中必须减去 $\Delta\lambda$ 部分，所以补偿角以 $\theta-\beta$ 计算。

对拉伸丝，总光程差（R）：

$$R = n\lambda + \frac{\sigma\lambda}{2\pi} = n\lambda + \frac{2\theta\lambda}{2\pi} = n\lambda + \frac{\theta}{\pi}\lambda$$

式中，n 为折射率；σ 为补偿角的 2 倍，（°）。

$$双折射率\ \Delta n = \frac{R}{d} = \frac{n\lambda + \dfrac{\theta}{\pi}\lambda}{d} = \left(n + \frac{\theta}{\pi}\right)\frac{\lambda}{d}$$

对卷绕丝，总光程差：

$$R = \frac{\sigma\lambda}{2\pi} = \frac{2\theta\lambda}{2\pi} = \frac{\theta\lambda}{\pi}$$

$$双折射率\ \Delta n = \frac{R}{d} = \frac{\theta\lambda}{\pi d}$$

式中，θ 为补偿角，（°）；d 为纤维直径，mm；λ 为入射光波长，10^{-6}mm。

三、实验仪器、试剂与试样

1. 仪器

偏光显微镜及其附件（包括 λ/4 玻片、物镜显微尺、目镜测微尺）；钠光灯；载玻片、盖玻片、软木块、缝衣针、刀片、镊子。

2. 试剂

甘油或香柏油（折射率为 1.516～1.522）。所用液体的折光指数应在被测纤维的两折光指数之间，使纤维在视野中较为清晰。

3. 试样

卷绕丝和成品丝。

四、实验步骤

1. 实验准备

（1）检查和熟悉偏光显微镜各部件。

（2）校正物镜中心，使其与载物台中心相重合。

（3）按图 4-5-2 位置校正起偏镜、检偏镜和 λ/4 玻片位置，使起偏镜、λ/4 玻片光轴方向重合，与检偏镜光轴方向正交。此时显微镜视野全黑，并使十字线之一（aa'）与起偏镜光轴方向成 45°。

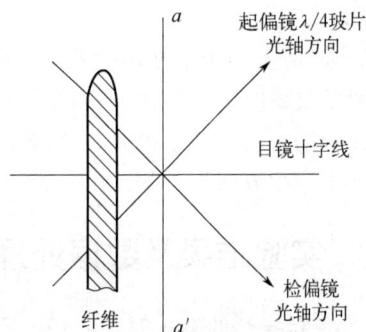

图 4-5-2　起偏镜、检偏镜，λ/4 玻片和纤维试样相互关系示意图

2. 卷绕丝的测定

（1）试样准备：用剪刀将卷绕丝剪成 1～2mm 的小段置于载玻片上，滴少许甘油或香柏油，盖上盖玻片轻轻压研使纤维小段均匀铺开。

（2）补偿角 θ 的测定：用钠光灯为光源，将制好的试样置于载物台，拉出检偏镜找到待测纤维，转动载物台使纤维轴与 aa' 平行（纤维轴与起偏镜光轴方向成 45°），推入检偏镜，此时视野全暗，纤维明亮。逆时针转动检偏镜，直至纤维变为全暗。检偏镜转动的角度即为补偿角 θ。若顺时针转动检偏镜至纤维变为全暗，所转角度为 β，则补偿角 θ=180°-β。

（3）纤维直径 d 的测定：拉出检偏镜，转动载物台使纤维轴向边缘与目镜测微尺的刻度线平行，记下纤维直径两边缘在目镜测微尺上所占的格数。

目镜测微尺刻度的标定是将物镜放在载物台上，不改变物镜与目镜组合，用物镜显微尺刻度换算出目镜测微尺每格所代表的实际长度。一般的物镜显微尺在每 1mm 内刻度为 100 格。

3. 拉伸丝的测定

（1）试样准备：将一小束纤维（与所用缝衣针直径相仿，纤维过多会造成意外拉伸）

用针穿入软木块中，然后用锋利的小刀在与纤维束斜交方向将软木块切成薄片，厚度为1～2mm，得到椭圆形截面的纤维小段。用镊子将纤维段放在载玻片，滴少许甘油或香柏油，盖好盖玻片，轻轻压研使纤维均匀铺开。

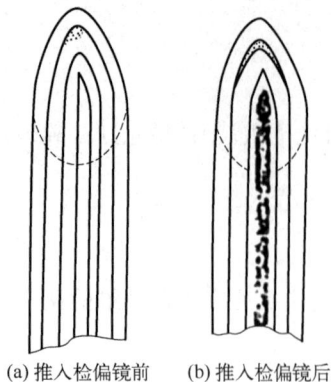

(a) 推入检偏镜前　　(b) 推入检偏镜后

图 4-5-3　纤维干涉条纹图

（2）干涉条纹数 n 的测定：条件、操作与卷绕丝相同。推入检偏镜后，可见视野全暗，在纤维上出现明暗相间的干涉条纹，如图 4-5-3 所示。记下斜面上黑色条纹数 n。

（3）补偿角 θ 的测定

① 最内一个干涉环的两条黑线未并拢，如图 4-5-3（a）所示，须将最内一环计入 n 中，然后逆时针转动检偏镜直至中央亮线变为黑暗为止。检偏镜旋转角度即为补偿角 θ。若检偏镜转动角度大于 90°时可顺时针旋转至中央亮线变为最暗，转过角度为 β，则补偿角 θ=180°-β。

② 最内一个干涉环的两条黑线已并拢，如图 4-5-3（b）所示，逆时针转动检偏镜至并拢的两条纹最暗，则最内一环应计入 n 中，检偏镜所转过的角度即为补偿角 θ。若检偏镜须顺时针转动 β 角，中心黑条纹才能变得黑暗，最内一环不计入 n 中，则 θ=180°-β；最内一环计入 n 中，则 θ=β。

五、实验结果及数据处理

1. 卷绕丝的双折射率 Δn 用下式计算：

$$\Delta n = \frac{\theta\lambda}{180°d}$$

式中，θ 为补偿角，（°）；d 为纤维直径，mm；λ 为入射光波长，10^{-6}mm。

2. 拉伸丝的双折射率 Δn 的计算公式如下.

$$\Delta n = \left(n + \frac{\theta}{180°}\right)\frac{\lambda}{d}$$

式中，n 为干涉条纹数。

3. 记录实验数据

纤维名称	编号	干涉条纹数 n	检偏镜旋转角度/（°）		补偿角 θ/（°）	纤维直径		双折射率 Δn
			逆	顺		目镜尺格数	d/mm	
卷绕丝	1							
	2							
	3							
拉伸丝	1							
	2							
	3							

六、思考题

1. 为什么实验中一定要使纤维轴方向与检偏镜光轴方向夹角为 45°？
2. 卷绕丝与拉伸丝双折射率值不同是什么原因造成的？测量及计算方法是否相同？

实验六

声速法测定纤维的取向度和模量

一、实验目的

1. 掌握用声速法测定纤维取向度和模量的基本原理。
2. 了解整套声速仪装置基本结构及原理。
3. 掌握声速仪（又称脉冲传播仪）的操作方法。

二、实验原理

纤维的取向度和模量是表征纤维材料超分子结构和力学性能的重要参数，测定取向度是纤维生产控制和结构研究的一个重要课题。测定取向度的方法有 X 射线衍射法、双折射法、二色性法和声速法等。其中，声速法是通过对声波在纤维中传播速度的测定，来计算纤维的取向度。其原理是基于纤维材料中因大分子链的取向而导致声波传播的各向异性，即在理想的取向情况下，声波沿纤维轴方向传播时，其传播方向与纤维的大分子链平行，此时声波是通过大分子内的主价键的振动传播的，其声速最大；而当声波传播方向与纤维分子链垂直时，则是依靠大分子间价键的振动传播的，此时声速最小。实际上，大分子链不总是沿纤维轴成理想取向的状态，所以各种纤维的实际声速值总是小于理想的声速值，且随取向度的增大而增高。

当声波以纵波形式在试样中传播时，由于纤维中大分子链与纤维轴有一个交角（取向角）θ，如果假设声波作用在纤维轴上的作用力为 F，则 F 将分解为两个互相垂直的分力。其中，一个力平行于大分子链轴向，为 $F\cos\theta$，这个力使大分子内的主价键产生形变；另一个力垂直于大分子链轴向，为 $F\sin\theta$，使分子的次价键产生形变。

如以 d 表示形变，K 表示力常数，则 $K = \dfrac{F}{d}$。如果以模量 E 代替力常数 K，则基本意义不变。因此，由平行于分子链轴向的分力 $F\cos\theta$，所产生的形变为 $\dfrac{F\cos\theta}{E_m}$（E_m 为平行于分子轴向的声模量）；由垂直于分子链轴向的分力 $F\sin\theta$ 所产生的形变为 $\dfrac{F\sin\theta}{E_t}$（E_t 为垂直于分子轴向的声模量）。

根据莫塞莱（Moseley）理论，总形变 d_a 可用下式表示：

$$d_a = \frac{F\cos\theta}{E_m}\cos\theta + \frac{F\sin\theta}{E_t}\sin\theta = \frac{F\cos^2\theta}{E_m} + \frac{F\sin^2\theta}{E_t}$$

考虑到所有分子，取其平均值，则有：

$$d_a = \frac{F}{E} = \frac{F\overline{\cos^2\theta}}{E_m} + \frac{F(1-\overline{\cos^2\theta})}{E_t} \tag{4-6-1}$$

根据声学理论，当一个纵波在介质中传播时，其传播速度 C 与材料介质的密度 ρ、模量 E 的关系如下：

$$C = \sqrt{\frac{E}{\rho}} \tag{4-6-2}$$

式（4-6-2）可改写为 $E=\rho C^2$。将式（4-6-1）中各项的 E 值以 ρC^2 代入，并消去 F 和 ρ，则得：

$$\frac{1}{C^2} = \frac{\overline{\cos^2\theta}}{C_m^2} + \frac{1-\overline{\cos^2\theta}}{C_t^2} \tag{4-6-3}$$

式中，C 为声波沿纤维轴向传播时的速度；C_m 为声波传播方向平行于纤维分子链轴时的速度；C_t 为声波传播方向垂直于纤维分子链轴时的速度。

在式（4-6-3）中，由于 $C_t \gg C_m$，因此等号右端第一项可看作为零，则式（4-6-3）变为：

$$\frac{1}{C^2} = \frac{1-\overline{\cos^2\theta}}{C_t^2}$$

即

$$\frac{C_t^2}{C^2} = 1 - \overline{\cos^2\theta} \tag{4-6-4}$$

根据赫尔曼取向公式：$f = \frac{1}{2}(3\overline{\cos^2\theta}-1)$。当试样在无规取向的情况下，即当 $C=C_u$（C_u 为无规取向时的声速）时，取向因子 $f=0$，则此时 $\overline{\cos^2\theta} = \frac{1}{3}$，代入式（4-6-4），得：

$$\frac{C_t^2}{C_u^2} = 1 - \frac{1}{3} = \frac{2}{3}$$

即

$$C_t^2 = \frac{2}{3}C_u^2 \tag{4-6-5}$$

式（4-6-5）给出了无规取向时的声速 C_u 与垂直于分子链轴传播时的声速 C_t 之间的关系。如将 C_t 与 C 的关系转换成 C_u 与 C 的关系式，即以式（4-6-5）代入式（4-6-4），得：

$$\overline{\cos^2\theta} = 1 - \frac{2}{3}\frac{C_u^2}{C^2} \tag{4-6-6}$$

以式（4-6-6）代入取向函数式 $f = \dfrac{1}{2}(3\overline{\cos^2\theta}-1)$，则得声速取向因子为：

$$f_s = 1 - \frac{C_u^2}{C^2} \qquad\qquad (4\text{-}6\text{-}7)$$

式中，f_s 为纤维试样的声速取向因子；C_u 为纤维在无规取向时的声速值；C 为试样纤维的实测声速值。式（4-6-7）即为计算声速取向度的基本公式，称为莫斯莱公式。

根据莫塞莱声速取向公式，求取纤维的 f_s，只需要两个实验量，除了测定试样的声速外，还需知道该纤维在无规取向时的声速值 C_u。对某种纤维来说，它的 C_u 值是不变的。测定纤维的 C_u 值一般有两种方法：一是将高聚物制成基本无取向的薄膜，然后测定其声速值；另一是反推法，即先通过拉伸实验，绘出某种纤维在不同拉伸倍率下的声速曲线，然后将曲线反推到拉伸倍率为零处，该点的声速值即可作为纤维的无规取向声速值 C_u。表 4-6-1 为几种主要纤维品种的 C_u。

表 4-6-1　几种主要纤维品种的 C_u

聚合物	$C_u/$（km/s）	
	薄膜	纤维
涤纶	1.4	1.35
尼龙 66	1.3	1.3
黏胶纤维		2.0
腈纶		2.1
丙纶		1.45

三、实验仪器与试样

1. 仪器

SCY-Ⅲ型声速取向测量仪。

2. 试样

准备涤纶、锦纶、丙纶等纤维试样。

四、实验步骤

1. 将纤维进行恒温恒湿处理；如实验室无恒温恒湿设备，则可将试样预先在 25℃及相对湿度为 60%左右的条件下放置 24h，以使纤维试样的含湿量保持平衡，然后将试样取出放在塑料薄膜袋中备用。

2. 开启主机电源与示波器电源开关。

3. 取一定长度的纤维放置在样品架上。

4. 根据纤维的总线密度施加张力。

5. 将标尺移至 20cm，观察示波器上的振动波形；待其稳定，将准备开关切入测量挡并按下 20 键，仪器将自动记录时间并送入单片机储存，记录结束再将标尺移至 40cm，重复以上程序，连续 10 次。

五、实验结果及数据处理

1. 附打印机所打出的数据与运算结果。

2. 为保证测试的精确性，每种纤维试样至少取 3 根进行测定。实验结果与数据处理可参照以下表格形式填写。

试样号：		试样名称：			线密度：			张力：			
试样数	长度/cm	读数（$t/\mu s$）									
		1	2	3	4	5	6	7	8	9	10	平均
1	40											
	20											
2	40											
	20											
3	40											
	20											
4	40											
	20											
5	40											
	20											
$\Delta t = 2t_{20} - t_{40}$		$C/$（km/s）			f_s					$E/$（N/tex）		

六、思考题

1. 影响实验数据精确性的关键问题是什么？实验中有何体会？
2. 声速法与双折射法比较有什么特点？

实验七

纤维拉伸性能的测定

一、实验目的

1. 了解纤维负荷-伸长曲线所表示的意义，利用拉伸曲线分析纤维拉伸性质的各项指标。

2. 掌握电子单纤维强力仪的使用方法。

二、实验原理

为了评价纤维的力学性能，沿着纤维的轴向施加一个逐渐增大的力使纤维产生形变直至最终断裂，可获得负荷-伸长曲线，如图 4-7-1 所示。不同品种的纤维有不同的负荷-伸长曲线，因此将该曲线称为纤维的特性曲线。为了便于对各种纤维的拉伸性能进行比较，根据负荷-伸长数据，把负荷除以纤维的纤度得到强度，把伸长除以试样的原始长度得到伸长率。通过负荷-伸长曲线图可以求出纤维一系列力学性能指标，如断裂强度、断裂伸长、断裂伸长率、初始模量、屈服强度、屈服伸长、断裂功等。参考 GB/T 14337—2022 标准。

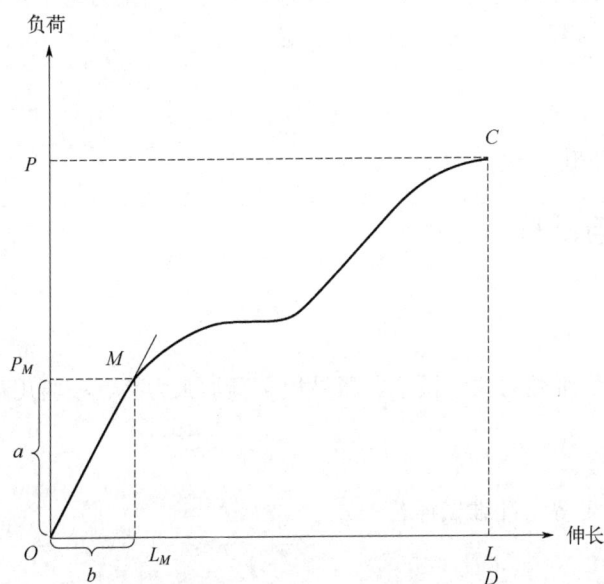

图 4-7-1　纤维的负荷-伸长曲线

1. 拉伸速度

按表 4-7-1 选择拉伸速度。

表 4-7-1　拉伸速度的选择

纤维平均断裂伸长率/%	拉伸速度/（mm/min）
<8	50%名义隔距长度
≥8，<50	100%名义隔距长度
≥50	200%名义隔距长度

2. 名义隔距长度

按表 4-7-2 选择名义隔距长度。

表 4-7-2　名义隔距长度

纤维名义长度/mm	名义隔距长度/mm
≥35	20
<35	10

3. 预张力

腈纶、涤纶：0.075cN/dtex。

丙纶、氯纶、维纶、锦纶：0.05cN/dtex。

注：预张力按纤维的名义线密度计算，湿态实验时，预张力为干态时的一半。某些纤维如不适合上述张力，经有关部门协调可另行确定。

4. 测试次数

每个试样测试 50 根纤维。

三、实验仪器与试样

1. 仪器

YG001N 电子单纤维强力仪、镊子、黑绒板、预加张力夹、校验用砝码等。

2. 试样

化学短纤维、羊毛等（纤维试样若干）。

四、实验步骤

1. 将纤维试样平顺直铺于黑绒板，方便随机抽取。

2. 打开仪器、打印机电源，待仪器自检完成按"设置"键，进入设置菜单。

3. 设置拉伸方式为定速拉伸，隔距为 10mm（或 20mm），拉伸速度为 10mm/min（或 20mm/min），实验次数为 30，打印为所有数据，完成设置后退出。

4. 若强力显示处不为"零"，需重新进入设置状态。

5. 根据纤维细度选择合适的预加张力夹。

6. 取下"上夹持器"，用张力夹随机夹取一根纤维，借助镊子把垂直纤维放入夹持器，并拧紧夹头，注意不能太松（纤维会打滑）或太紧（夹伤纤维）。

7. 把"上夹持器"挂回传感器下的钓钩，使纤维在张力夹作用下自然进入"下夹持器"，并拧紧夹头。

8. 按"拉伸"键，仪器开始测试，测完一根纤维，仪器自动打印测试结果和相关指标；若纤维断在夹头里，可按"删除"键删除本次测试，另外，本仪器具有数据断电记忆功能，在大量测试时可防止数据意外丢失。

9. 重复 6、7、8 步骤，完成 30 次测试，仪器打印出统计报表。测试按"打印"键，可以重复打印报表。

五、实验结果及数据处理

1. 通过夹持纤维，测得相应方式的强力；
2. 输出测试结果和拉伸曲线。在打印报表上签署测试者的姓名，并分析影响测试结果的因素。

六、思考题

1. 试述电子单纤维强力仪的工作原理。
2. 影响实验结果的因素有哪些？

实验八

纤维卷曲性能的测定

一、实验目的

1. 通过实验，熟悉卷曲弹性仪的结构原理和操作步骤。
2. 掌握纤维卷曲性能的测试原理、方法标准和相关指标计算。

二、实验原理

纺织上通常把沿纤维纵向形成的规则或不规则的弯曲称为卷曲。卷曲的存在可增加纺纱时纤维间的抱合力，与纤维的可纺性、成纱的质量关系密切，对织物的柔软性、蓬松性、弹性、抗皱性、光泽、冷暖感等影响很大，而且视其形态不同而影响各异。

羊毛纤维具有天然卷曲，棉纤维具有天然转曲，而化学纤维表面光滑，纤维间的抱合力和摩擦力较差，给纺织加工带来一定的困难。为了改善化学短纤维的可纺性和织物性能，在后加工时要用机械或化学方法，赋予纤维一定的卷曲。

卷曲方法不同，纤维的卷曲特征亦不同，通常可用两类四项指标表示，即：

反映卷曲程度——卷曲数 J_n、卷曲率 J。

反映卷曲牢度——卷曲回复率 J_w（残余卷曲率）、卷曲弹性率 J_d（卷曲弹性回复率）。

不同卷曲程度的计算如下（参考图 4-8-1）：

$$J_n = \frac{J_A}{L \times 2} \times 25$$

$$J = \frac{L_1 - L_0}{L_1} \times 100\%$$

$$J_\mathrm{w} = \frac{L_1 - L_2}{L_1} \times 100\%$$

$$J_\mathrm{d} = \frac{L_1 - L_2}{L_1 - L_0} \times 100\%$$

式中，J_A 为卷曲的总长度，mm；L 为卷曲的宽度，mm。

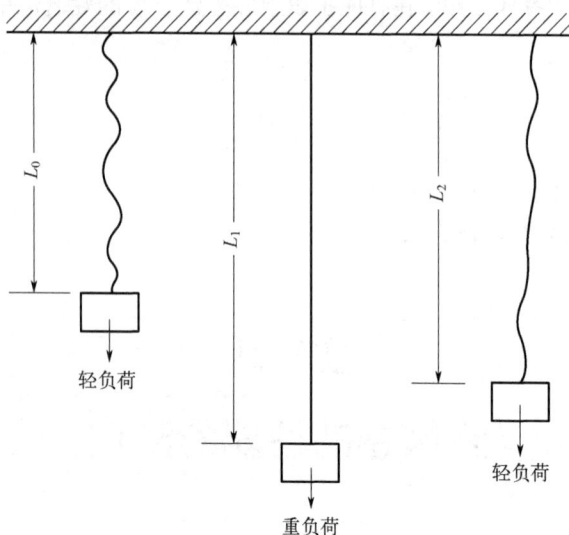

图 4-8-1　不同卷曲程度计算

负荷加载标准见表 4-8-1。

表 4-8-1　负荷加载标准

试样	轻负荷	重负荷
涤纶、腈纶	$(0.020 \pm 0.002)\,$mN/dtex	$(0.750 \pm 0.075)\,$mN/dtex
维纶、锦纶、丙纶、氯纶、纤维素纤维		$(0.5 \pm 0.005)\,$mN/dtex

三、实验仪器与试样

1. 仪器

YG362A 纤维卷曲弹性仪。

2. 试样

从调湿后的实验样品中，随机抽取 20 束纤维放在黑绒板上。

四、实验步骤

1. 调整仪器

进行仪器水平调整，加载器平衡调整。开启电源开关，挂上上夹持器，读数指针对准零位，打开天平制动旋钮，调节读数旋钮中央的平衡螺丝，使平衡指针与检验线重合，且"平衡"灯亮。

2. 预置长度校正

关闭天平制动旋钮，将 20mm 标距的预置棒放在下夹持器钳口平面上，并对准上夹持器，打开制动旋钮，按"校正"键，完成校正程序。

3. 夹持试样

关闭天平制动旋钮，用镊子取下上夹持器，从纤维束中夹取一根纤维试样，悬挂回张力加载器，用镊子将纤维试样的另一端松弛夹入下夹持器，使上下夹持器间的试样自然长度为 25~30mm。

4. 参数设置

开启天平制动旋钮，加轻负荷后"平衡"灯灭，按"选择"键选择测试程序。

5. 数据测试

（1）按"下降"键，下夹持器开始下降，当"平衡"灯亮，下夹持器停止，记录试样的自然长度 L，测出 25mm 内的卷曲数 J_n；

（2）加重负荷，"平衡"灯灭，按"下降"键，下夹持器再次下降，等"平衡"灯亮，下夹持器停止，记录试样伸直长度 L_1；

（3）下夹持器持续重负荷静止 30s 后，自动上升至初始位置并自停，开始定时 2min 应力恢复，此时卸去重负荷，加轻负荷；

（4）定时结束，下夹持器自动下降至"平衡"灯亮，记录试样伸直长度 L_2。

五、实验结果及数据处理

依次记录卷曲率 J、卷曲回复率 J_w、卷曲弹性率 J_d，各项结果均以 20 次测定值的算术平均值表示，修约到小数点后一位。按需要进行变异系数分析。

实验九

短纤维摩擦系数的测定

一、实验目的

1. 了解纤维摩擦性能测试的基本原理。
2. 掌握纤维摩擦性能测试的实验方法和步骤。

二、实验原理

纤维摩擦的意义和摩擦系数：纤维摩擦性质不仅直接影响纺织工艺的顺利进行，而且还关系到纱、布的质量，在纺织加工过程中，经常存在纤维与纤维、纤维与机件之间的相对运动，从而会出现纤维与纤维、纤维与其他材料的摩擦问题。

纤维摩擦力的大小直接影响梳理、牵伸、卷绕等工艺，并影响纱、布性质。为了使纱线具有一定的强力，纤维与纤维之间要求具有足够的摩擦力，同时纱线与纱线之间也要具有足够的摩擦力，这是织物尺寸稳定性良好的必要条件。

纤维摩擦性质可用摩擦阻力和摩擦系数表示。摩擦力分静摩擦与动摩擦力两种。使相互接触的物体（纤维）开始滑动所需要的力，称为静摩擦力，维持物体滑动所需要的力，称为动摩擦力。摩擦力和正压力之商称为摩擦系数，分静摩擦系数和动摩擦系数。在测定系数时，相互接触的物体可以是纤维与纤维，也可以是纤维与其他材料。

三、实验仪器与试样

1. 仪器

Y151 型纤维摩擦系数测定仪及附件（摩擦辊芯、预加张力夹、纤维成型板、铁夹子、金属梳子），镊子，塑料胶带，剪刀。

2. 试样

天然纤维或化学纤维（涤纶、腈纶、锦纶、丙纶等）中的一种短纤维。

四、实验步骤

1. 制样

（1）将试样先在标准大气条件下调湿，再制成试验辊，试验辊制作得好坏是保证实验结果准确的关键。试验辊的表面要求光滑，不得有毛丝，不能沾有汗污，纤维要平行于金属芯轴，均匀地排列在芯轴表面。

（2）从试样中任意取出 0.5g 左右的纤维，用手整理成大致平行整齐的纤维束（注意手必须洗净，防止手中的油汗污染纤维）。然后用手夹持纤维束的一端，用梳子梳理另一端，将纤维束中的纤维结和乱纤维去掉，梳理完后，再倒过来梳另一端，此纤维片的宽度约为 30mm，厚度约为 0.5mm。

（3）将纤维片用镊子夹到纤维成型板上，并使纤维片超出成型板上端边 20mm，将此超出部分折入成型板的下侧，并用夹子夹住。

（4）成型板上的纤维片用金属梳子梳理整齐后，再用塑料透明胶带粘在成型板前端（即不夹夹子的一端），胶带两端各留出 5mm 左右，粘在试验台上。去掉夹子，抽出成型板，将弯曲的纤维剪掉，使留下的纤维片长度在 30mm 左右，揭起粘在试验台上的塑料透明胶带左端，将其粘在金属芯轴顶端，旋转芯轴。这样用塑料透明胶带粘住的纤维片就卷绕在芯轴的表面，将露出辊芯上端（2～3mm）的胶带和粘住的纤维折入端孔，用顶端螺钉和垫圈固定，然后再用金属梳子梳理不整齐的一端，使纤维平行于金属芯辊，均匀地排列在芯轴的表面，并用剪刀剪齐，从金属芯轴的右端套入螺母，从金属芯轴的左端套入螺钉拧紧（注意拧紧时只转动螺母而不能转动螺钉）。检查纤维辊表面层是否平滑，如有毛丝时则用镊子夹去。最后将做好的纤维辊插入辊芯架内，重复以上步骤，共做 5 个纤维辊。

2．动摩擦系数测定

（1）接通测试仪器的电源，打开扭力天平开关，校准扭力天平的零位。

（2）将准备好的纤维辊插进仪器主轴内孔，并用紧固螺钉固定。

（3）在试样中任选一根纤维，在两端夹上 $f=100mg$ 的张力夹各一只，将其中的一个张力夹跨骑在扭力天平秤钩上，另一个绕过纤维辊表面，自由地悬挂在纤维辊的另一端。如果被测纤维较粗，或卷曲数很多，可考虑选用 $f=150mg$ 或 $f=200mg$ 的张力夹。

（4）调节纤维辊转速至 30r/min，开动电动机，使扭力天平指针偏向右边，转动扭力天平手柄，直至扭力天平的指针回到中央，记录扭力天平上的读数 m。每根纤维重复此测定操作 2～3 次，记录其平均值。每个纤维辊要测定 6 根纤维，5 个纤维辊共测定 30 个数值（可根据需要增减测定次数），分别记录之，并求出扭力天平读数的平均值 m_1。

3．静摩擦系数的测定

使纤维辊不转动，缓慢转动扭力天平手柄，直至纤维与纤维辊之间发生突然滑移，读取扭力天平指针开始偏转时扭力天平上的读数 m_2。测试次数与动摩擦系数相同。动摩擦系数与静摩擦系数交替进行测定，同一根纤维测定静摩擦系数后，可接着测定动摩擦系数。

五、实验结果及数据处理

1．计算动摩擦系数值

$$\mu_1 = \frac{\lg f - \lg(f - m_1)}{1.364}$$

2．计算静摩擦系数值

$$\mu_2 = \frac{\lg f - \lg(f - m_2)}{1.364}$$

六、注意事项

1．在取样和测试过程中，手要尽量干净，以免手汗和水分影响测试结果的准确性。

2．在实验中要记录实验条件（张力夹质量、纤维辊的转速和温湿度条件），因为条件不同，会有不同的实验结果。

七、思考题

1．在测定纤维摩擦系数过程中，有哪些因素会影响实验结果？

2. 动摩擦系数和静摩擦系数在概念上是否相同，如何测定？

实验十
纤维比电阻的测定

一、实验目的

1. 了解 YG321 型纤维比电阻仪测定纤维比电阻的原理。
2. 掌握测量纤维比电阻的方法。

二、实验原理

天然纤维一般易于吸湿，回潮率较高，比电阻较低。天然纤维在加工过程中因摩擦而产生静电，由于纤维比电阻低，所以静电可以及时消除。合成纤维一般吸湿性能差，回潮率低，比电阻较高。测量纤维比电阻的大小是定量认识纤维的导电性和预测纤维的可纺性的一种有效的方法。为了使化学纤维顺利纺纱，化学纤维的质量比电阻一般应在 $10^9 \Omega \cdot g/cm^2$ 以内。

化学纤维比电阻的表示方法基于电阻定律。导体的电阻 R 和导体的长度 L 成正比，与导体的截面积 S 成反比，且导体的电阻和导体本身的结构有关

各种纺织纤维的质量比电阻见表 4-10-1（相对湿度 65%条件下）。

表 4-10-1   各种纺织纤维的质量比电阻

纤维种类	质量比电阻/（$\Omega \cdot g/cm^2$）
棉	$10^6 \sim 10^7$
麻	$10^7 \sim 10^8$
羊毛	$10^8 \sim 10^9$
蚕丝	$10^9 \sim 10^{10}$
黏胶纤维	10^7
锦纶，涤纶（去油）	$10^{13} \sim 10^{14}$
腈纶（去油）	$10^{12} \sim 10^{13}$

三、实验仪器与试样

1. 仪器

YG321 型纤维比电阻仪，天平（精度 0.01g），镊子，黑绒板、粗、密梳片等。

2. 试样

将涤纶（有油、无油）被测纤维试样 50g 用手扯松后，置于标准大气 ［（20±2）℃，相对湿度 65%±2%］ 条件下平衡 4h 以上，用精度为 0.01g 的天平称取每份试样 15g，共 3 份，以备测试时使用。

四、实验步骤

1. 仪器准备

（1）使用前仪器面板上开关位置应如下：电源开关在关的位置，倍率开关于"无穷大"处，"放电-测试"开关在"放电"位置。

（2）将仪器用导线妥善接地，检查电源电压应为 220V。将仪器接通电源，合上电源开关，指示灯亮，将"放电-测试"开关置于"测试"位置，等预热 30min 后慢慢调节电位器旋钮，使表头指在"无穷大"处。

2. 正式实验

（1）测试时从机箱内取出纤维测量盒，用仪器专用钩子将压块取出，用大镊子将 15g 纤维均匀地填入盒内，推入压块，把纤维测量盒放入仪器内，摇手柄直至摇不动为止。

（2）将"放电-测试"开关置于"放电"位置，等极板上因填纤维产生的静电散逸后，即可拨到"测试"位置进行测量。

（3）测试电压选 100V 挡，拨动"倍率"开关，使电表稳定在一定读数上，这时表头读数乘以倍率即为被测纤维的电阻值。为了减少误差，应尽量在表头刻度盘的右半部读数，否则可将测试开关置于 50V 挡，注意这时测得的电阻值应缩小一半，即表头读数乘以倍率乘以二分之一。

五、实验结果及数据处理

按下式计算纤维的体积比电阻和质量比电阻

$$\rho_v = R\frac{m}{l^2 d}$$

$$\rho_m = R\frac{m}{l^2}$$

式中，R 为测得纤维的平均电阻值，Ω；m 为纤维质量，15g；l 为电两极板之间距离，2cm；d 为纤维密度，g/cm³。

六、思考题

影响纤维质量比电阻实验结果的因素有哪些？

实验十一

计算机辅助法测量纤维细度

一、实验目的

1. 掌握纤维细度分析仪的测试原理。
2. 掌握纤维细度的测试方法。

二、实验原理

1. 纤维细度的定义

细度是指纤维的粗细的程度，分直接指标和间接指标两种。

直接指标：直径、投影宽度和截面积、周长、比表面积。直径是纤维主要的细度直接指标，它的量度单位为 μm，只有当截面接近圆形时，用直径表示线密度才合适。目前，纤维的常规实验、羊毛采用直径来表示其细度。

间接指标：利用纤维长度和质量间的关系来间接表示纤维的细度，分为定长值与定重值。在化学纤维工业中，通常以单位长度的纤维质量，即线密度表示。

细度是纺织纤维的重要指标。在其他条件相同的情况下，纤维越细，可纺纱的线密度也越细，成纱强度也越高；细纤维制成的织物较柔软，光泽较柔和。在纺纱工艺中，用较细的纤维纺纱可降低断头率，提高生产效率，但纤维过细，易纠缠成结。

2. 纤维细度测试方法

（1）称重法　包括逐根测量单根纤维长度后称重、一束纤维定长切断称重。

（2）气流仪法　利用气流通过纤维产生的阻力大小，推求纤维比表面积，从而可以求取纤维细度大小，棉纤维气流法所测结果与纤维线密度和成熟度有关。

（3）投影直径法　包括光学投影测量纤维直径、液体分散法测量单根纤维直径以及气流分散法测量单根纤维直径等。

（4）单根纤维振动法　采用弦振动原理，测量在一定振弦长度和张力下的纤维固有振动频率，由弦振动公式自动计算单根纤维线密度，线密度测量范围 0.6～40dtex。近年来，国际化学纤维检验方法标准［ISO 5079—2020 和国际化学纤维标准化局（BISFA 发布的）试验方法标准］推荐优先采用"振动式纤维细度仪"与强伸仪联机测试纤维比强度和线密度，我国标准与国际标准实验原理相同。

（5）纺织纤维细度分析系统测试法　采用专业的分析软件，测试过程中实时显示每次检测点局部图形及数据，可以测得各类纤维截面形态、面积等。

三、实验仪器与试样

1. 仪器

纺织纤维细度分析仪，梳子（稀梳、密梳），显微镜（或投影仪）。

2. 试样

羊毛、蚕丝等纤维。取试样一束，以手扯法整理平直，用右手拇指与食指夹取纤维 20～30 根，按在载玻片上，用左手覆上盖玻片，将夹取的纤维平直地按在载玻片上，滴上甘油，盖上盖玻片。

四、实验步骤

1. 启动软件

打开电脑。双击计算机桌面上的"纤维分析"图标，出现系统登录画面，输入系统密码后，鼠标左键单击"确定"按钮（如果没有设定密码，直接点击"确定"按钮）即可进入系统软件主画面，系统处于图像激活状态。

2. 比例尺标定

（1）将物镜测微尺放在显微镜物镜下，并调整显微镜的放大倍数，运行本系统，使图像活动；调焦显微镜使参照尺的影像清晰成像在计算机屏幕上。

（2）转动摄像头使物镜测微尺水平、垂直刻度线与图像窗口的水平和垂直方向平行；鼠标左键点击"标尺标定"菜单，屏幕出现一"十字"型标定光标。

（3）用鼠标左键拖动或键盘上的上、下、左、右箭头键移动十字光标到参照尺刻度线的一边，并点击键盘"F_1"功能键，使系统知道物镜测微尺的位置，并留下一"十字"型光标，继续用鼠标左键拖动或键盘的上、下、左、右箭头键移动十字光标到参照尺刻度线的另一边，并点击键盘"F_2"功能键，确定终止位置。

（4）系统立即显示参照尺实际输入窗口，用户输入物镜测微尺起始位置到终止位置的实际物理尺寸后，鼠标左键点击"确定"按钮即可，这样一个方向（水平或垂直方向）就标定完成了。

（5）当两个方向都标定完成后，系统会出现输入显微镜放大倍数的输入框，用户输入显微镜放大倍数后点击"确定"按钮，此时十字光标消失，表示已标定完成。

（6）标定完成后点击"存储标尺"，表示该标定已被存储。

（7）点击"选择标尺"，选择相应放大倍数的标尺，设为默认值。

3. 纤维测量选项

（1）在操作系统主画面右侧的纤维测量选项窗口中，首先在"测评标准"中选择需要的纺织品检验标准。

（2）在"选择纤维"提供的列表框中选择待测纤维的名称"羊毛"。

4. 纤维直径测量

（1）把制好的纤维样放在显微镜载物台上，选择与默认标尺相同放大倍数的物镜，调焦显微镜，使纤维纵向影像清晰成像在计算机屏幕上。

（2）在系统主菜单"纤维测量"中选择"纤维直径测量"菜单。

（3）在系统主菜单"测量方式"中选择"鼠标方式"。

（4）移至屏幕图像区，鼠标形状显示成"+"。用户在图像区域被测目标的起始位置点压鼠标左键并拖至被测目标的终止位置后，松开鼠标即可完成一次测量。测量完后点击浏览菜单可以进行测量结果预览及测量数据的删除。

五、实验结果及数据处理

结果记录

实验次数	材料名称	
1		
2		
3		
4		
5		
6		
7		
8		
9		
10		
平均值/mm		
变异参数（CV）		
标准差 S		

六、思考题

纤维细度测试一般有几种方法？

实验十二

纤维染料上染速率曲线的测定

一、实验目的

1. 掌握分光光度计的工作原理和使用方法。

2. 掌握纤维染料上染速率的曲线图的绘制。

二、实验原理

分光光度计的工作原理的依据是朗伯-比尔定律：

$$A = abc$$

式中，A 为吸光度；b 为溶液层厚度，cm；c 为溶液的浓度；g/dm³；a 为吸光系数。

吸光系数与溶液的本性、温度以及波长等因素有关。溶液中其他组分（如溶剂等）对光的吸收可用空白液扣除。由朗伯-比尔定律可知，当溶液层厚度 b 和吸光系数 a 固定时，吸光度 A 与溶液的浓度成线性关系。在定量分析时，首先需要测定溶液对不同波长光的吸收情况（吸收光谱），从中确定最大吸收波长，然后以此波长的光为光源，测定一系列已知浓度 c 溶液的吸光度 A，作出 A-c 工作曲线。在分析未知溶液时，根据测量的吸光度 A，查工作曲线即可确定出相应的浓度。这便是分光光度法测量浓度的基本原理。

由分光光度计工作原理得出测定的方法是：在一定温度下染色时，纤维上的染料量将逐渐增加，而染液中的染料量则不断下降，纤维上染料量占原染液中染料总量的百分率称为上染百分率。将不同染色时间的上染百分率对相应的时间作图即得染料的上染速率曲线。

因此用分光光度计测定时，因为染料浓度和染液的光密度成正比，所以上染百分率（%）用下式计算：

$$上染百分率 = \left(1 - \frac{A_i}{A_0}\right) \times 100\%$$

式中，A_i 为不同时间染色所得染色残液的吸光度；A_0 为空白染液吸光度。

三、实验仪器、试剂与试样

1. 仪器

恒温水浴锅、分光光度计、纸巾、三颈烧瓶 1 个、50mL 容量瓶 3 个、pH 试纸。

2. 试剂

酸性安诺赛特黄 TB、10%醋酸、蒸馏水。

3. 试样

羊毛（约 4g）等纤维。

四、实验步骤

1. 处方和工艺条件（见表 4-12-1）

表 4-12-1　处方和工艺条件

项目	参数
酸性安诺赛特黄 TB（基于织物质量）	3%

117

续表

项目	参数
醋酸（pH）	4
温度	（90±2）℃
织重	4g
浴比	1∶50

2. 实验步骤

（1）取 220mL 蒸馏水，用 10%醋酸调节 pH=3～4。

（2）按浴比量取 pH=4 的水溶液，并移取所需的染液，放入三颈烧瓶中，在水浴中加热至染液温度达（90±2）℃，恒温 5min，取出 2mL 染液，放入 50mL 容量瓶中，稀释至刻度。

（3）在测定吸光度前，应测定该染液最大吸收波长，然后在该波长下测得各染液的吸光度。在 390～420nm 之间每隔 5nm 测定初始染液的吸光度 A，作吸光度曲线，曲线最高点所对应的波长就是最大吸收波长。

（4）将羊毛放入染浴中，在（90±2）℃恒温染色，从投入毛线起开始计时，当染至 2min、5min、10min、15min、20min、30min 时，分别从染浴中吸取染液 2mL，放入 50mL 容量瓶中，稀释至刻度（分别补充 pH=4 的溶液 2mL，以保持浴比不变）。在最大吸收波长下测定上述残液和初始染液的吸光度，并计算上染百分率。

（5）以时间为横坐标，上染百分率为纵坐标，作上染速率曲线。

五、实验结果及数据处理

1. 数据记录

初始染液各波长下的吸光度

波长/nm	吸光度 A
390	
395	
400	
405	
410	
415	
420	

最大波长下各时间段的吸光度

时间/min	吸光度 A_i	上染百分率/%
0		
2		
5		

时间/min	吸光度 A_i	上染百分率/%
10		
15		
20		
30		

2. 曲线绘制

绘制初始染液各波长下的吸光度曲线图和最大吸收波长下上染速率曲线。

六、思考题

影响纤维上染速率的因素有哪些？

第五章 涂料性能表征实验

涂料是高分子合成的五大材料之一，随着国内涂料工业的快速发展，涂料行业需要大量的高层次产品开发和科学研究人员，同时，先进的测试表征技术也是推动涂料行业快速发展的重要支撑。本书内容设置从生产实际出发，强调涂料知识的应用性、实用性。通过实验实训，学生可以获得从事涂料施工所需的初步训练，加强学生的动手能力，使学生掌握本专业的一些专业实验技能，材料设计能力和分析问题能力，为今后的工作实践提供扎实的基础。

实验一

涂料细度的测定

一、实验目的

1. 了解刮板细度计原理。
2. 掌握刮板细度计的操作方法及数据的处埋。

二、实验原理

研磨细度是涂料中颜料及体质颜料分散程度的一种量度，是色漆重要的内在质量之一，对成膜质量，漆膜（涂膜）的光泽、耐久性，涂料的贮存稳定性均有很大的影响。细度的检测中测得的数值并不是单个颜料或体质颜料粒子的大小，而是色漆在生产过程中颜料研磨分散后存在的凝聚团的大小。对研磨细度的测量可以评价涂料生产中研磨的合格程度，也可以比较不同研磨程序的合理性以及所使用的研磨设备的效能。

刮板细度计（见图 5-1-1）测定的原理是：利用刮板细度计上的楔形沟槽将涂料刮出一个楔形层，用肉眼辨别湿膜内颗粒出现的显著位置，以得出细度读数。刮板细度计的磨光平板由工具合金钢制成，板上有一长沟槽［长（155±0.5）mm，宽（12±0.2）mm］，在150mm 长度内刻有 0～150μm（最小分度 5μm，沟槽倾斜度 1：1000）的表示槽深的等分刻度线。刮板细度计的正面槽底及面平直度允许误差（全长）0.003mm，正面光洁度应为

10，分度值误差±0.001mm。刮刀由优质工具碳素钢制成，两刃磨光，长（60±0.5）mm，宽（42±0.5）mm，刀刃平直度允许误差（全长）0.002mm，表面光洁度为8，刀刃研磨光洁度为10。

图 5-1-1 刮板细度计

细度在 30μm 及 30μm 以下时应用量程为 50μm 的刮板细度计［见图 5-1-2（a）］，31～70μm 时应用量程为 100μm 的刮板细度计［见图 5-1-2（b）］，70μm 以上时应用量程为 150μm 的刮板细度计［见图 5-1-2（c）］。

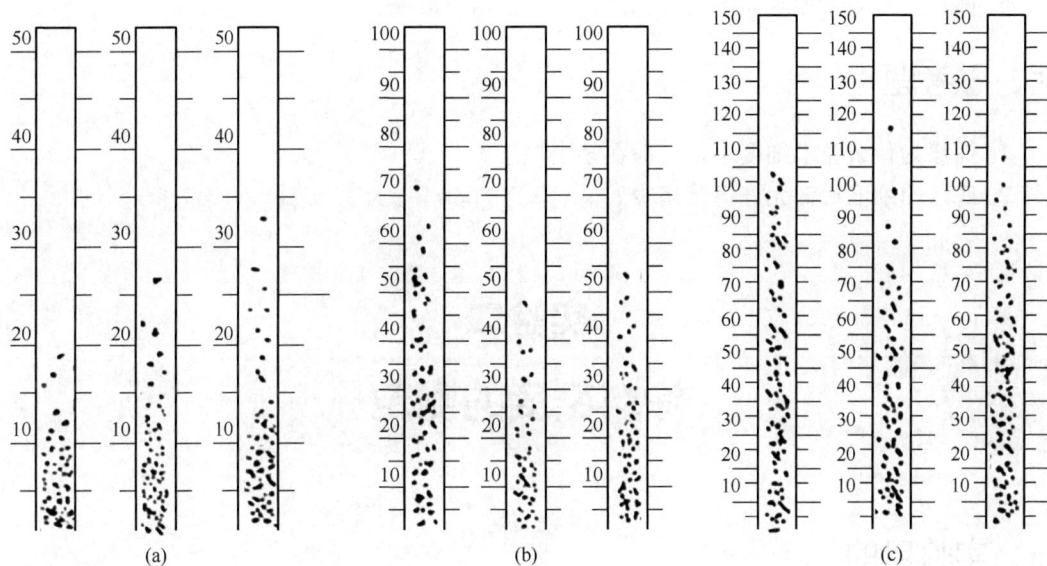

图 5-1-2 细度分布图

三、实验仪器与试样

1. 仪器

刮板细度计、小调漆刀、烧杯、玻璃棒、脱脂棉等。

2．试样

乳胶漆、醇酸磁漆等。

四、实验步骤

1．刮板细度计在使用前须用溶剂仔细洗净擦干，在擦洗时应用细软的布。将符合产品标准黏度指标的试样，用小调漆刀充分搅匀，然后在刮板细度计的沟槽最深部分，滴入试样数滴，以能充满沟槽而略有余为宜。

2．以双手持刮刀，横置在磨光平板上端（试样边缘处），使刮刀与磨光平板表面垂直接触。在 3s 内，将刮刀由沟槽深的部分向浅的部分拉过，使漆样充满沟槽而平板上不留有余漆。

3．刮刀拉过后，立即（不超过 5s）使视线与沟槽平面成 15°～30°，对光观察沟槽中颗粒均匀显露处，记下读数（精确到最小分度值）。如有个别颗粒显露于其它分度线时，则读数与相邻分度线范围内，不得超过三个颗粒。

五、实验结果及数据处理

1．平行实验三次，实验结果取两次相近读数的算术平均值。
2．两次读数的误差不应大于仪器的最小分度值。

六、思考题

1．面漆为什么要求细度小，一般在多少以下？
2．底漆的细度最低允许值是多少？

实验二

涂料密度的测定

一、实验目的

1．了解金属比重瓶测定密度的原理。
2．掌握金属比重瓶的操作方法及数据的处理。

二、实验原理

密度为单位体积内所含物质的量。本实验采用的测定涂料密度的方法：用比重瓶装满被测涂料，由比重瓶内产品的质量和已知的比重瓶体积计算可得出被测产品的密度，以 g/mL 表示。该方法参考了国标 GB/T 6750—2007《色漆和清漆　密度的测定　比重瓶法》。计算公式如下：

$$\rho = \frac{m}{V}$$

式中，ρ 为密度，g/mL；m 为质量，g；V 为体积，mL。

涂料的密度在很大程度上取决于所用颜填料的密度，并与配方中颜填料的体积浓度，基料及溶剂的密度有关，一般采用金属氧化物作为颜填料的密度要比其他无机化合物、有机化合物的密度高。

温度对密度的影响，与装填性能有非常显著的关系，并且随产品的类型而改变，标准规定实验温度为（23±0.5）℃，也可在其他商定的温度下进行实验，实验时应将被测产品和比重瓶调节至规定或商定的温度，并且应保持测试期间温度变化不超 0.5℃。

三、实验仪器与试样

1. 仪器

金属比重瓶（50mL 或 100mL，见图 5-2-1），天平，温度计，水浴或恒温室。

2. 试样

乳胶漆，醇酸磁漆等。

四、实验步骤

1. 比重瓶的校准

（1）在实验前，用蒸发后不留下残余物的溶剂清洗比重瓶，且将它干燥；将比重瓶放置至室温，并将它称重 m_1（精确到 0.2mg）。

（2）在低于实验温度 [（23±0.5）℃] 不超过 1℃的温度下，在比重瓶中注满纯水。

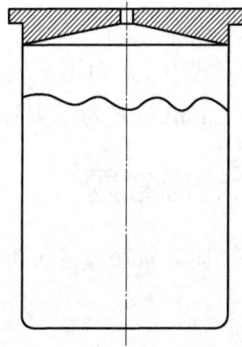

图 5-2-1　金属比重瓶

（3）盖上比重瓶，确保留有溢留口，严格注意防止在比重瓶中产生气泡。

（4）将比重瓶放置在恒温室或水浴中，直至比重瓶的温度和比重瓶中所含物的温度恒定为止。用有吸收性的材料彻底擦干比重瓶的外部。之后不再擦去任何后续物质。

（5）立即称量该注满纯水的比重瓶 m_2（精确到 0.2mg）。

（6）比重瓶容积 V（mL）的计算：

$$V = \frac{m_2 - m_1}{\rho}$$

式中，m_2 为比重瓶及水的质量，g；m_1 为空比重瓶的质量，g；ρ 为水在 23℃或其他温度下的密度（见表 5-2-1），g/mL。

表 5-2-1　纯水在不同温度下的密度

温度/℃	密度/（g/mL）	温度/℃	密度/（g/mL）
15	0.9991	23	0.9975
16	0.9989	24	0.9973
17	0.9987	25	0.9970
18	0.9986	26	0.9968
19	0.9984	27	0.9965
20	0.9982	28	0.9962
21	0.9980	29	0.9960
22	0.9978	30	0.9957

2. 涂料密度的测定

用涂料代替纯水，重复上述的操作。用沾有合适溶剂的吸收材料擦掉比重瓶外部的残余物，并用干净的吸收材料擦拭，使之完全干燥。

五、实验结果及数据处理

涂料密度（ρ_t）的计算：

$$\rho_t = \frac{b-a}{V}$$

式中，b 为比重瓶及试样质量，g；a 为比重瓶质量，g；ρ_t 为测定温度为 t 时的涂料密度，g/mL；V 为在实验温度下所测得的比重瓶的体积，mL。

六、思考题

比重瓶加盖后可否重压金属盖？

实验三

涂料黏度的测定

一、实验目的

1. 掌握几种黏度计的工作原理与使用方法。
2. 掌握涂料黏度的测定方法。

二、实验原理

黏度是涂料产品的重要指标之一，通过测定黏度可以可靠地评估漆料中聚合物分子量的大小。制漆中黏度过高，会产生胶化，黏度过低则会使应加的溶剂无法加入，严重影响漆膜性能。同样，在涂料施工过程中，黏度过高会使施工困难，漆膜的流平性差，黏度过低会造成流挂及其他弊病。因此涂料黏度的测定，对于涂料生产过程中的控制以及保证涂料产品的质量都是必要的。液体涂料的黏度检测方法很多，分别适用不同品种的涂料。

1. 流出法

其原理是利用试样本身重力作用，在一定温度条件下，测量定量试样从规定直径的孔全部流出的时间（s）。涂-4黏度计（如图5-3-1）主要用于检测清漆等低触变性涂料，流出时间在10～150s之间，检测具有较高触变性的涂料误差较大。

2. 垂直式落球法

其原理是在重力作用下，利用固体球在液体中垂直下降速度的快慢来测定液体的黏度，如斯托默黏度计（如图5-3-2）。其利用砝码的重量经过一套机械转动系统而产生的力矩带动桨叶型转子克服涂料的阻力转动。当其转速达到200r/min时，可在频闪计时器上看到一个基本稳定的条形图案，此时砝码的重量可对应转化为被测涂料的黏度值即KU值。其适用于测定建筑涂料和水溶性涂料的黏度，是此类涂料必备的检测仪器。

图 5-3-1　涂-4黏度计　　　　　　图 5-3-2　QNZ型斯托默黏度计

3. 设定剪切速率法

其原理是用圆筒、圆盘或桨叶在涂料试样中旋转，使其产生回旋流动，测定其达到固定剪切速率时所需的应力，从而换算成黏度，如旋转黏度计（见图5-3-3）。旋转黏度计通过同步电机以稳定的速度旋转，电机轴连接刻度圆盘，再通过游丝和转轴带动转子旋转。转子受到液体的黏滞阻力，游丝产生扭矩，与黏滞阻力抗衡，最后达到平衡。这时与游丝连接的指针在刻度盘上指示一定的读数（即游丝的扭转角）。将读数乘上特定的系数即得到液体的黏度，单位为mPa·s或cP（1cP=1mPa·s）。

旋转黏度计在使用过程中特别注意以下几点。

（1）被测液体的温度。温度偏差对黏度影响很大，温度升高，黏度下降。实验证明：当温度偏差 0.5℃时，有些液体黏度值偏差超过 5%。所以，要特别注意将被测液体的温度恒定在规定的温度点附近，对精确测量最好不要超过 0.1℃。

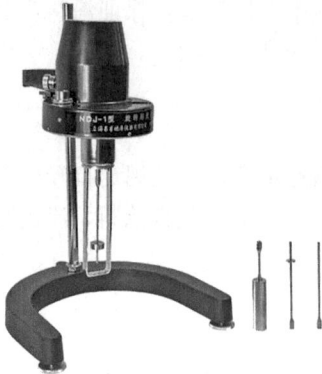

图 5-3-3　旋转黏度计

（2）测量容器（外筒）的选择。对于双筒旋转黏度计要仔细阅读仪器说明书，不同的转子（内筒）匹配相应的外筒，否则测量结果会偏差巨大。对于单一圆筒旋转黏度计，原理上要求外筒半径无限大，实际测量时要求外筒即测量容器的内径不低于某一尺寸。例如上海精密科学仪器有限公司生产的 NDJ-1 型旋转黏度计，要求测量用烧杯或直筒形容器直径不小于 70mm。实验证明特别在使用一号转子时，若容器内径过小引起较大的测量误差。

（3）正确选择转子或调整转速，使示值在 30～90 格之间。该类仪器采用刻度盘加指针方式读数，其稳定性及读数偏差综合在一起有 0.5 格，如果读数偏小如 5 格附近，引起的相对误差在 10%以上，如果选择合适的转子或转速使读数在 50 格，那么其相对误差可降低到 1%。如果示值在 90 格以上，使游丝产生的扭矩过大，容易产生蠕变，损伤游丝，所以一定要正确选择转子和转速。

（4）频率修正。国产仪器的额定频率为 50Hz，而我国目前的供电频率也是 50Hz，频率计测试变动性小于 0.5%，所以一般测量不需要频率修正。但对于日本和欧美的有些仪器，名义频率在 60Hz，必须进行频率修正，否则会产生 20%的误差，修正公式为：实际黏度=指示黏度×额定频率/实际频率。

（5）转子浸入液体的深度及气泡的影响。旋转黏度计对转子浸入液体的深度有严格要求，必须按照说明书要求操作（有些双筒仪器对测试的液体用量有严格要求，必须用量筒量取）。在转子浸入液体的过程中往往带有气泡，在转子旋转后一段时间大部分会上浮消失，但附在转子下部的气泡有时无法消除，气泡的存在会给测量数据带来较大的偏差，所以倾斜缓慢地浸入转子是一个有效的办法。

（6）转子的清洗。测量用的转子（包括外筒）要清洁无污物，一般要在测量后及时清洗，特别在测油漆和胶黏剂之后，要注意清洗的方法，可用合适的有机溶剂浸泡，千万不要用金属刀具等硬刮，因为转子表面有严重的刮痕时会带来测量结果的偏差。

（7）其他需注意的问题：

① 大部分仪器需要调整水平，在更换转子和调节转子高度后以及在测量过程中随时注意水平问题，否则会引起读数偏差甚至无法读数。

② 有些仪器需装保护架，仔细阅读说明书按规定安装，否则会引起读数偏差。

③ 确定所测液体是否为近似牛顿流体，对于非牛顿流体应经过选择后规定转子、转速和旋转时间，以免误解为仪器不准。

三、实验仪器与试样

1. 仪器

水银温度计，秒表，永久磁铁，水平仪，承受瓶，50mL 量杯，150mL 搪瓷杯，恒温水浴锅，涂-4 黏度计（图 5-3-1），斯托默黏度计（图 5-3-2），旋转黏度计（图 5-3-3）。

2. 试样

乳胶漆、醇酸磁漆等。

四、实验步骤

1. 涂-4 黏度计测定涂料黏度

（1）每次测定之前须用纱布蘸溶剂将黏度计内部擦拭干净，在空气中干燥或用冷风吹干，对光观察确保黏度计漏嘴清洁。

（2）调整水平螺钉，使黏度计处于水平位置，在黏度计漏嘴下面放置 150mL 的搪瓷杯，用手堵住漏嘴孔，将试样倒满黏度计中，用玻璃棒将气泡和多余的试样刮入凹槽，然后松开手指，使试样流出，同时立即开动秒表，当试样流出第一次中断时停止秒表，试样从黏度计流出的全部时间（s），即为试样在该温度下的黏度。

（3）两次测定值之差不大于平均值的 3%。测定时试样温度为（25±1）℃。

2. 斯托默黏度计测定涂料黏度

（1）将涂料充分搅匀移入容器中，使涂料液面离容器盖约 19mm，涂料和黏度计的温度保持在（23±0.2）℃，将转子浸入涂料中，使涂料液面刚好达到转子轴的标记处。

（2）先加砝码，使斯托默黏度计启动后，读数平衡在 200r/min 时，读取砝码的读数，在数显中输入砝码的读数，直接按换算键，换算出黏度（KU 值）。

3. 旋转黏度计测定涂料黏度

（1）准备被测液体，置于直径不小于 70mm、高度不小于 130mm 的烧杯或直筒形容器中，准确地控制被测液体温度。

（2）将保护架装在仪器上（向右旋入装上，向左旋出卸下）。

（3）将选配好的转子旋入轴连接杆（向左旋入装上，向右旋出卸下）。旋转升降旋钮，使仪器缓慢地下降，转子逐渐浸入被测液体中，直至转子液面标志和液面齐平为止，再精调水平。接通电源，按下指针控制杆，开启电机，转动变速旋钮，使其在选配好的转速挡上，放松指针控制杆，待指针稳定时可读数，一般需要约 30s。当转速在"6"或"12"挡运转时，指针稳定后可直接读数；当转速在"30"或"60"挡时，待指针稳定后按下指针控制杆，指针转至显示窗内，关闭电源进行读数。注意：按指针控制杆时，不能用力过猛。可在空转时练习掌握。

（4）当指针所指的数值过高或过低时，可变换转子和转速，使读数在 30～90 格之间为佳。

五、实验结果及数据处理

1. 用不同的测试方法测试乳胶漆、醇酸磁漆的黏度。

2. 分析不同测试方法测出结果的误差，比较不同测试方法的优缺点。

六、思考题

1. 旋转黏度计在使用过程中有哪些注意事项？
2. 旋转黏度计的测试原理是什么？

实验四

涂料流平性的测定

一、实验目的

1. 学习配漆和流平性测定方法。
2. 掌握流平剂含量对流平性的影响。

二、实验原理

涂料在力的作用下流动并形成涂膜，但液态涂膜在无外力作用下会自动流平，这种促使涂膜流平的力就是表面张力，所以涂料在成膜和成膜后流平时的力是不同的。剪切的外加力使涂料通过流动变成涂膜，表面张力使涂膜通过流平由不规则的表面变成光滑平整的涂膜。流平是涂料的运动形式。要达到光滑平整的表面，需要涂料具有良好的流动与流平性。

流平剂是能定向排列到液/气界面的表面活性物质。它们在表面积聚的原理与传统的亲水、亲油性的两亲结构表面活性剂不同。流平剂可能是树枝状结构的产品，通过与树脂基料的有限相容性，迁移至界面与空气形成一层新的低表面能的界面，从而控制表面的状态。

三、实验仪器与试样

1. 仪器

流平性测定仪（BGD226-1：100～1000μm；BGD226-2：250～4000μm），涂刮导板，马口铁板［50mm×120mm×（0.2～0.3）mm］，漆刷（宽 25～35mm），秒表，天平，玻璃板。

2. 试样

乳胶漆、醇酸磁漆等。

四、实验步骤

1. 刷涂流平时间的测定

（1）用漆刷在马口铁板上制备漆膜，刷涂时，应迅速地先纵向后横向地涂刷，涂刷时间不多于 2～3min。然后在样板中部纵向地由一边到另一边涂刷一道（有刷痕而不露底）。

（2）测流平性：自刷子离开样板的同时，开动秒表，测定刷子划过的刷痕消失和形成完全平滑漆膜表面所需的时间。

2. 漆膜最小流平厚度的测定

（1）水平放置玻璃板，并将其置于有涂刮导板的装置上，将约 20mL 已调节至工作黏度的涂料倒入流平仪内沿，持流平仪沿着导板由底板的顶端匀速涂至底板底端。

（2）在 25℃，将刮好的涂层放平干燥。观察各对涂膜之间的距离，选择最小间距（即当两条条纹并拢时中间还有一条隐约可见的间隙时）的那对涂膜为此样品的最小流平厚度。

（3）每次实验完毕，必须将流平仪清洗干净，尤其是凹槽部位。

五、实验结果及数据处理

1. 流平性实验平行测量三次，实验结果取两次相近读数的算术平均值。
2. 对于厚度很薄的涂膜和黏度很低的涂料不能很好地判断数值。

实验五

涂料流挂性的测定

一、实验目的

1. 了解涂料流挂产生的原因。
2. 掌握涂料流挂性的测定方法。

二、实验原理

在试板上涂上一定厚度的涂膜，将试板垂直立放，涂料在未干燥前受重力影响产生流坠，采用流挂试验仪对色漆的流挂性进行测定。本实验方法参照 GB/T 9264—2012《色漆和清漆抗流挂性评定》，测试条件为：温度（23±2）℃，相对湿度（50±5）%。

流挂试验仪由三个多凹槽涂刮器（测试范围分别为 50～275μm；250～475μm；450～675μm）及底座组成。每个涂刮器均能将待测色漆刮涂成 10 条不同厚度的平行湿膜。每条湿膜宽度为 6mm，条膜之间的距离为 1.5mm，相邻条膜的厚度差值为 25μm。底座为带有刮涂导边和玻璃试板挡块的表面平整的钢质构件。

三、实验仪器与试样

1. 仪器

流挂试验仪；200mm×120mm×（0.2～0.3）mm 的表面平整光滑的玻璃板或其他商定的试板。

2．试样

乳胶漆、醇酸磁漆等。

四、实验步骤

1．流挂试验仪、试板均应保持洁净、干燥。将试验仪的底座放在一平台上，再将试板放在底座的适宜位置上。将涂刮器置于试板板面的顶端，刻度面朝向操作者。

2．充分搅匀样品，将足够量的样品放在刮涂器前面的开口处。两手握住刮涂器两端，使其一端始终与导边紧密接触，平稳、连续地从上到下进行刮拉，同时应保持平直而无起伏。2～3s 完成这一操作。

3．立即将刮完的涂膜垂直放置。放置时应使条膜呈横向且保持"上薄下厚"。

4．待涂膜表干后观察其流挂情况。若该条厚度涂膜不流到下一个厚度条膜内，则该厚度的涂膜不流挂（如图 5-5-1）。涂膜两端各 20mm 内的区域不计。1～5 条涂膜为不流挂，以第 5 条湿膜厚度为不流挂读数。

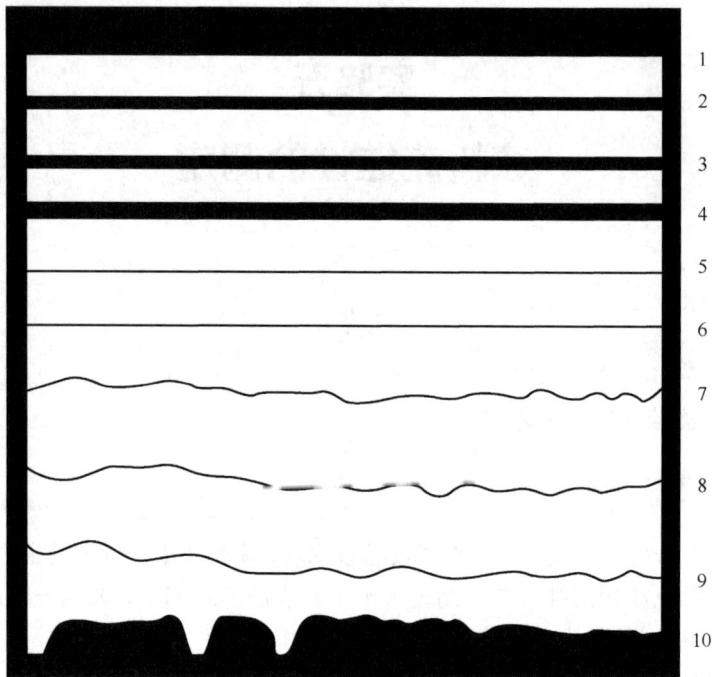

图 5-5-1　不流挂的示例图

五、实验结果与分析

1．同一试样以三块样板进行平行试验。

2．实验结果以不少于两块样板测得的涂膜不流挂的最大湿膜厚度一致来表示（以 μm 计）。

实验六

色漆和清漆用漆基酸值的测定

一、实验目的

1. 掌握酸值的测定原理。
2. 掌握色漆和清漆用漆基酸值的测定方法。

二、实验原理

酸值是表示油脂类、聚酯类、石蜡等有机物质中含有游离酸的一种指标，本实验是指在一定实验条件下，中和 1g 树脂所消耗的氢氧化钾（KOH）的质量（mg），反应式如下：

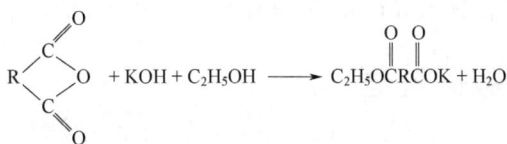

$$R \underset{\underset{C}{\parallel}}{\overset{\overset{C}{\parallel}}{\underset{O}{\overset{O}{\bigcirc}}}} O + KOH + C_2H_5OH \longrightarrow C_2H_5OCRCOK + H_2O$$

本实验采用酸碱滴定法测定酸值，常选用酚酞指示剂确定其终点。

三、实验仪器、试剂与试样

1. 仪器

250mL 锥形瓶；25mL 滴定管；磁力搅拌器。

2. 试剂

丙酮（分析纯）；混合溶剂：由 2 份甲苯和 1 份无水乙醇（V/V）组成，使用前应以氢氧化钾标准滴定溶液中和；KOH 标准溶液（0.1mol/L，需标定）；1%酚酞指示剂溶液。

3. 试样

乳胶漆、醇酸磁漆等。

四、实验步骤

1. 取样。为了控制氢氧化钾标准溶液的消耗量在 10～30mL 范围内，试样的称取量可参考表 5-6-1。称取适量的试样于 250mL 锥形瓶中，精确至 0.001g（m_1），用移液管移入 50mL

混合溶剂，至树脂完全溶解。若 5min 后样品不能完全溶解，则再制备一份样品，用 50mL 混合溶剂和 25mL 丙酮溶解样品。

表 5-6-1　试样的称样量

估算的酸值（以 KOH 计）/（mg/g）	试样的近似质量/g
0～5	16
5～10	8
10～25	4
25～50	2
50～100	1
>100	0.7

2. 向已溶解的试样中加入至少 3 滴酚酞溶液，用滴定管中的氢氧化钾标准溶液滴定至出现红色，在搅拌下稳定至少 10s。记录消耗的氢氧化钾标准滴定溶液体积（V_1），以 mL 表示。

3. 按照与测定样品同样的方法，平行进行空白实验，步骤同上（不加入样品），记录消耗的氢氧化钾标准滴定溶液体积（V_2）。因混合剂是经过中和的，空白实验结果应为零。

五、实验结果及数据处理

1. 试样的部分酸值（PAV）的计算（溶剂或稀释剂中的固体树脂）

对于每次测定，试样的部分酸值（PAV）（mg/g）用每克试样所消耗的氢氧化钾质量（mg）来表示：

$$PAV = \frac{56.1 \times (V_1 - V_2)c}{m_1}$$

式中　56.1 ——氢氧化钾的摩尔质量，g/mol；

　　　m_1 ——试样的质量，g；

　　　V_1 ——中和树脂溶液消耗的氢氧化钾标准滴定溶液的体积，mL；

　　　V_2 ——空白实验消耗的氢氧化钾标准滴定溶液的体积，mL；

　　　c ——氢氧化钾标准滴定溶液的浓度，mol/L。

2. 固体树脂部分酸值（PAV_s）的计算

首先按规定测定树脂的不挥发物。然后测定固体树脂的部分酸值，以每克试样所消耗的氢氧化钾质量（mg）来表示：

$$PAV_s = -\frac{PAV \times 100}{NV}$$

式中　NV——不挥发物的含量，以质量分数表示，%。

如果两个结果与平均值之间的差值超过 3%，则重复上述操作。

实验七

涂料增稠剂与增稠效果的检验

一、实验目的

1. 了解增稠剂的种类及作用。
2. 掌握检验增稠剂对涂料的增稠效果的测试方法。

二、实验原理

现在的涂料市场中有着各式各样的涂料，同时增稠剂的品种也有很多，人们对于增稠剂的认识其实并不深刻，只知道是用在涂料中当作涂料的助剂。增稠剂的品种可以分为有机和无机两大类，前者主要是用在薄质的涂料中，而后者主要用于厚质的涂料中。而有机增稠剂的种类主要可以分为水溶性聚合物、纤维素衍生物和乳液型增稠剂三大类，主要的品种如下。

1. 水溶性聚合物：比如聚丙烯酸、聚乙烯醇、聚乙烯吡咯烷酮、聚丙烯酸钠等。
2. 纤维素衍生物：比如乙基羟乙基纤维素、甲基纤维素、羟丙基甲基纤维素、羟乙基纤维素等。
3. 乳液型增稠剂：大多成分为丙烯酸聚合物乳液，这类乳液的特点在于增稠剂的本身黏度就低，增稠能力强，稳定性高，不易发霉。

在以上所有类型当中，最常用的是纤维素衍生物和乳液型增稠剂。

无机增稠剂的主要成分是高岭土、膨润土等体质颜料，其增稠效果主要源于立体网状结构的生成，但是因为它的流平性较差不利于涂膜的流平性，所以在一般的薄质乳胶涂料中很少使用，多见于厚质涂料和腻子产品当中。

本实验调节乳胶漆配方中增稠剂的含量，通过流挂仪及斯托默黏度计检验其增稠效果。

三、实验仪器及试剂

1. 仪器

数显电动搅拌器；流挂试验仪（测试范围分别为 50～275μm；250～475μm；450～675μm）；试板：表面平整光滑的玻璃板或其他商定的材料，规格为 200mm×120mm×（0.2～0.3）mm；天平；配漆罐。

2. 试剂

乳液98A；分散剂；重钙；钛白；润湿剂；成膜助剂；pH调节剂；增稠剂。

四、实验步骤

1. 配乳胶漆（100g）

（1）往配漆罐中加入分散剂（A5040）0.5g，再加入乳液98A56.4g，以300r/min进行搅拌混匀；

（2）依次加入重钙32g，钛白10g，润湿剂（A1502）0.3g，成膜助剂（3808）0.3g，将搅拌器转速调至800r/min，搅拌25min；

（3）加入适量pH调节剂（A318）（大约0.3g），将pH值调至8以上，然后加入适量增稠剂（A330）（0%～0.7%）调节黏度。

注：增稠剂用量分别为0%（0g）、0.3%（0.3g）、0.5%（0.5g）、0.6%（0.6g）和0.7%（0.7g）。

2. 流挂性测定

（1）按流挂性测定方法测试不同增稠剂含量的乳胶漆的最大不流挂读数；

（2）采用斯托默黏度计测定不同增稠剂含量的乳胶漆的黏度。

五、实验结果及数据处理

（1）同一试样以三块样板进行平行实验。实验结果以不少于两块样板测得的涂膜不流挂的最大湿膜厚度一致来表示（以μm计）。

（2）作出增稠剂的用量与流挂读数、斯托默黏度间的关系图。

实验八

涂膜的制备

一、实验目的

1. 掌握涂膜的制备方法。
2. 学会制板和浸涂、刷板的方法。

二、实验原理

涂膜的制备是进行各种涂膜检验的首要步骤，要正确地评定涂膜的性能（包括物理、力学、电气、耐化学、耐腐蚀性能等），首先必须制备均匀的一定厚度的漆膜试板。由于涂料品种及实验的表面类型繁多，制备涂膜的方法并不统一，常见的方法有刷涂、喷涂、浸涂等，其实质都是为了将涂料均匀涂布于各种材料表面上，制成涂膜以供检验涂膜的性能。本实验参考了GB/T 1727—2021《漆膜一般制备法》制备涂膜，标准中规定了制备一般涂膜的材料、底板的表面、处理制板方法、漆膜的干燥和状态调节、恒温恒湿条件等，适用于测定漆膜性能用试板和试件的漆膜制备。

制板的目的是为底材和涂膜的黏结创造良好的条件，同时还能提高和改善涂膜的性能。制板的质量直接影响涂膜的质量和涂装的效果。

三、实验仪器与试样

1. 仪器

马口铁板：50mm×120mm×（0.2～0.3）mm，50mm×50mm×（0.2～0.3）mm；螺旋测微器；电热鼓风恒温干燥箱；漆刷，宽40mm。

2. 试样

乳胶漆；醇酸磁漆；清漆。

四、实验步骤

1. 打磨（磨光）法制板

打磨（磨光）操作是通过砂纸打磨除去表面不平整及溶剂不能除去的表面污物而获得平整光滑的表面的方法。为保证原表面层被磨去，磨去的表面厚度应不少于 0.7μm，以试板质量的减少量来计算（5～6g/m² 近似等于 0.7μm 厚）。试板按以下操作程序打磨：

（1）顺试板任何一边的平行方向平直均匀地来回打磨。

（2）与第一次方向垂直的方向平直均匀地来回打磨，直到原表面磨去为止。

（3）以直径 80～100mm 的圆周运动打磨，直到表面形成的圆圈重叠为止。

2. 涂膜的制备

（1）浸涂法：将试样稀释至适当的黏度，然后以缓慢均匀的速度将试板垂直浸入漆液中，停留 30s 后，以同样速度从漆中取出，放在洁净处滴干 10～30min，滴干的样板或钢棒垂直悬挂于恒温恒湿处或电热鼓风恒温干燥箱中（干燥条件按产品标准规定），如产品标准对第一次浸漆的干燥时间没有规定，可自行确定，但不超过产品标准中所规定的干燥时间。控制第一次漆膜的干燥程度，以保证制漆的漆膜不致因第二次浸漆后发生流挂、咬底或起皱等现象。

此后将试样倒转 180°，按上述方法进行第二次浸涂，滴干，按规定进行干燥。

涂漆前将试样搅拌均匀，如果试样表面有结皮，则应先仔细揭去，多组分漆按产品标准规定的配比称量混合，搅拌均匀。

（2）刷涂法：将试样稀释至适当黏度，用漆刷在规定的试板上，快速均匀地沿纵横方向涂刷，使其成一层均匀的膜漆，不允许有空白或溢流现象，涂刷好的样板放在恒温恒湿的空间干燥 48h。

五、实验结果及数据处理

1. 乳胶漆、醇酸磁漆、清漆每种涂料，用刷涂法和浸涂法各制备 3 张漆膜样板。

（1）规格为 50mm×120mm×（0.2～0.3）mm：要求漆膜厚度为（23±3）μm，用于实验九、十、十一、十三的漆膜性能测试。

（2）规格为 50mm×50mm×（0.2～0.3）mm：要求漆膜厚度为（23±3）μm，用于实验十二的漆膜性能测试；漆膜厚度为 45μm，用于实验十五的漆膜性能测试。

2. 用刷涂方法制备的样板，测定涂膜的厚度。

实验九

涂膜光泽度的测定

一、实验目的

1. 了解光泽度仪的工作原理。
2. 掌握光泽度仪测定涂膜的光泽度的方法。

二、实验原理

漆膜的光泽是衡量漆膜外观质量的主要指标，高光泽漆膜不仅外观亮丽，对被涂物表面起到良好的装饰作用，而且也将对被涂物体起到一定的保护作用。涂装应用的实践表明，漆膜保护作用的降低，往往都是从其表面光泽下降开始的。

涂膜的光泽可分为有光、半光和无光。当一束光照射到漆膜表面时，有一部分光要由漆膜的表面反射回来，这些反射光杂乱无章，呈半球形分布，如图 5-9-1 所示。根据光的反射定律，当反射角等于入射角时，称其为镜面反射，而将镜面反射以外其他方向的反射称为漫反射。从镜面反射的方向上观察，若被测漆膜致密平滑、表面越"亮"，则镜面反射越强，其表面光泽度越高；反之，若漆膜粗糙凹凸、表面越"乌"，则镜面反射越弱，其表面光泽度越低。

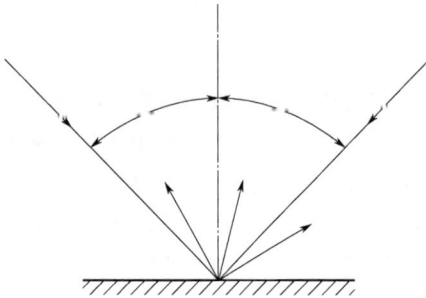

图 5-9-1　镜面反射和漫反射

JKGZ-60 型光泽度仪是一种高精度、小型化的光泽度仪，适用于涂料、油漆、油墨、塑料、石材、地板、木器家具表面等镜面光泽度的测量。JKGZ-60 型光泽度仪在使用时的注意事项如下：

（1）本仪器属于光学精密仪器，应该避免剧烈撞击，并尽量放置在干燥、清洁的环境中使用；不用时，请将检测窗口朝下放置，以免测量腔内藏污；测量完毕，请务必关闭电源，把仪器装入仪器箱内并置于较干净的地方，以备下次测量。请务必保持仪器标准板的清洁，以免因为仪器定标时读数不准，导致测量误差。

（2）当标准板沾污时，请用镜头纸或擦镜布擦拭，黑标准板可用镜头纸蘸无水乙醇擦拭，白陶瓷板用乙醇擦拭后需在干燥箱中（60～65℃）烘干两小时以上。

（3）仪器在校准时，单角度（除75°外）放在标准板盒内框中。

（4）从温度较低的地方到温度较高的地方（如冬天室外到室内），请稍等片刻再进行测量（因从温度低的地方到温度高的地方光学镜片表面会结雾）。

（5）请不要在太阳光直射被测品的环境下进行测量，以免测量值受到影响。

（6）对于曲面物体表面的光泽度测试，为确保小孔完全被覆盖，测量时可将光泽度仪测量孔沿被测曲面切线处慢慢覆盖被测物体，直至看不到被测物体上的光斑（测量孔照射在被测物上的白色光斑）即可。当数值稳定后即为该涂膜的光泽度，当测量值超出199.9光泽单位时，显示溢出值为"1"。

三、实验仪器与试样

1. 仪器

JKGZ-60型光泽度仪。

2. 试样

在"实验八 涂膜的制备"所制得的漆膜产品中，选用规格为50mm×120mm×（0.2～0.3）mm的乳胶漆、醇酸磁漆及清漆漆膜试板进行测试，漆膜表面平整、无扭曲、无裂痕或皱纹。

四、实验步骤

1. 校准仪器：按下开关，将仪器放在黑玻璃标准板上，旋转调节旋钮使显示值与标准板标称值相同。然后将仪器放在白陶瓷标准板上，显示数值与白陶瓷标准板的标称值的误差不应大于±1.2光泽单位，否则应考虑标准板脏污等问题。此过程不必要每次都做，当误差超差时按上述方法重新校准。

2. 样品测试：校准后的仪器，放在待测量样品上，在试板上选取不同的测试点，平行测定三次。取算数平均值。

五、实验结果及数据处理

1. 取不同点平行实验三次，取算数平均值。

2. 测得不同涂膜的光泽度并比较。

实验结果

光泽度	乳胶漆	清漆	醇酸磁漆
1			
2			
3			
平均值			

实验十

涂膜附着力的测定

一、实验目的

1. 了解漆膜附着力的意义。
2. 掌握涂膜附着力测定方法。

二、实验原理

漆膜附着力是油漆涂膜的最主要的性能之一。所谓附着力，是指漆膜与被涂物表面以物理和化学力的作用结合在一起的坚牢程度。根据吸着学说，这种附着强度的产生是由于涂膜中聚合物的极性基团（如羟基或羧基）与被涂物表面极性基团相互结合所致，因此影响附着力大小的因素很多，比如，表面污染、有水等等。目前测附着力的方法可分为三类，切痕法、剥离法、划圈法，本实验中采用较为普遍使用的划圈法进行测定，此方法已列入漆膜检验标准（GB/T 1720—2020），按螺纹线划痕范围中的漆膜完整程度评定以及表示。

三、实验仪器与试样

1. 仪器

漆膜附着力测定仪（见图 5-10-1）；四倍放大镜。

2. 试样

在"实验八　涂膜的制备"所制得的漆膜产品中，选用规格为 50mm×120mm×（0.2～0.3）mm 的乳胶漆、醇酸磁漆及清漆漆膜试板进行测试，漆膜表面平整、无扭曲、无裂痕或皱纹。

四、实验步骤

1. 检查钢针是否锐利，针尖距工作台面约 3cm。
2. 将针尖的偏心位置即回转半径调至标准回转半径。方法：松开卡针盘 3 后面的螺栓和回转半径，调整螺栓 4，适当移动卡针盘后，依次紧固上述螺栓，划痕与标准圆划线图比较，直至与标准回转半径 5.25mm 的圆滚线相同，调整完毕。
3. 样板正放在试验台上（涂膜朝上），用压板压紧。
4. 酌加砝码，使针尖接触到涂膜，按顺时针方向均匀摇动手轮，转速以 80～100r/min 为宜，圆滚线标准图长为（7.5±0.5）cm。

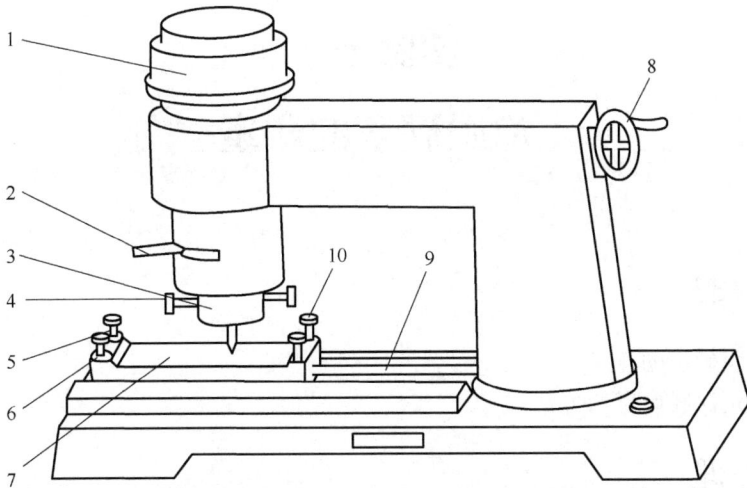

图 5-10-1　附着力测定仪

1—荷重盘；2—升降棒；3—卡针盘；4—回转半径调整螺栓；5—固定试板调整螺栓；6—半截螺帽；

7—试验台；8—摇柄；9—试验台丝杠；10—调整螺栓

5. 向前移动升降棒 2，使卡针盘提起，松开固定样板的有关螺栓，取出样板，用漆刷除去划痕上的漆屑，以 4 倍放大镜检查划痕并评级。

注意：① 一根钢针一般只使用 5 次。

② 实验时针必须刺到涂料膜底，以所画的图形露出板面为准。

五、实验结果及数据处理

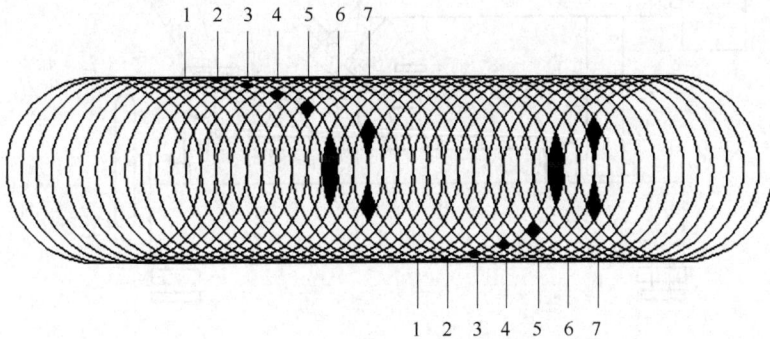

图 5-10-2　附着力的分级圆滚部

评级方法：附着力分为 7 个等级，如图 5-10-2，以样板上划痕的上侧为检查的目标，依次标出 1、2、3、4、5、6、7，按顺序检查各部位漆膜完整程度，如某一部位有 70%以上的完好，则认为该部位是完好的，否则应认为损坏。例如，凡第一部位内漆膜完好者，则此漆膜附着力最好，为一级；第二部位完好者，则为二级，余者类推，七级的附着力最差，漆膜几乎全部脱落。注意：结果以至少有两块样板的级别一致为准。

实验十一
涂膜硬度的测定

一、实验目的

1. 了解涂膜硬度的意义。
2. 掌握测定涂膜硬度的方法。

二、实验原理

涂膜硬度是涂膜的一种重要物理性能，其大小直接影响涂膜的一些重要使用性能，例如耐磨损性、耐磨粒性、耐擦性、耐划痕性、耐冲击性以及涂膜滞留作用及清洗难易等，因此，涂膜硬度是评定涂料性能的必测指标。QHQ 型涂膜铅笔划痕硬度仪见图 5-11-1。

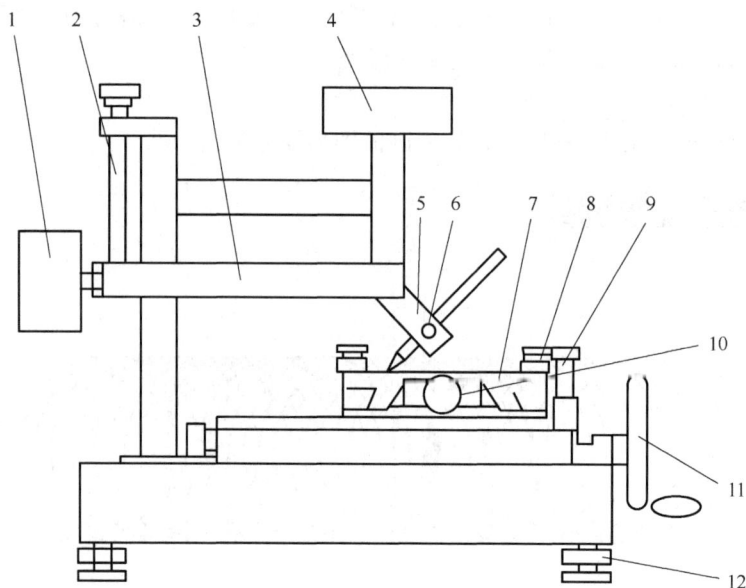

图 5-11-1　QHQ 型涂膜铅笔划痕硬度仪

1—平衡锤；2—止动螺钉；3—工作杆；4—砝码；5—铅笔架；6—螺钉；7—试验台；
8—夹紧螺母；9—闸瓦提钮；10—旋钮；11—手轮；12—调整手轮

工作原理：本仪器主要由铅笔架和试验台组成，铅笔架与立柱等组成四连杆机构，保证了砝码的重量垂直作用于铅笔芯与试验台交点上，并使铅笔与试验台保持 45°夹角不变。试验台可向纵向移动，用它固定涂料样板，并使样板朝着划痕方向移动，铅笔就在试片上划出相应轨迹。换用不同铅笔划出不同痕迹，据此可判定涂膜的硬度值。

三、实验仪器与试样

1. 仪器

QHQ 型铅笔划痕硬度仪；削笔刀；400#砂纸；一套中华牌高级绘图铅笔（标号为 9H、8H、7H、6H、5H、4H、3H、2H、H、F、HB、B、2B、3B、4B、5B、6B、7B、8B、9B）。

2. 试样

在"实验八　涂膜的制备"所制得的漆膜产品中，选用规格为 50mm×120mm×（0.2～0.3）mm 的乳胶漆、醇酸磁漆及清漆漆膜试板进行测试，漆膜表面平整、无扭曲、无裂痕或皱纹。

四、实验步骤

1. 准备工作

（1）用削笔刀小心把每支铅笔前端削去木质部分，使露出 5～6mm 柱状铅芯（但切不可使铅芯松动或削伤铅芯），用手握住铅笔，使铅笔始终与 400#砂纸成 90°角，在砂纸上摩擦铅芯端面，直到获得一个平滑且边缘锐利的笔端（边缘要无破碎或缺口）为止。

（2）把修好的铅笔插入铅笔架上（见图 5-11-1）。调整铅笔，使铅笔芯工作端面与砝码重心重合（相应铅芯工作端面与铅笔架距离约 25mm），然后用螺钉拧紧，使铅笔位置固定。

（3）松开夹紧螺母，放入需测定的涂膜试片，然后拧紧夹紧螺母，使试片固定。

（4）松开止动螺钉，调整平衡锤，使工作杆平衡，使铅笔刚好接触到试片上，然后拧紧止动螺钉，使铅笔芯工作面离开涂膜试片。

（5）把砝码轻轻放在铅笔架上。至此，准备工作完毕。

2. 测试

（1）松开止动螺钉，使铅笔芯轻轻降至被测涂膜试片上。

（2）转动手轮，使涂膜板朝划痕方向移动大约 5mm（顺时针转动手轮）并留意观察涂膜表面是否划破。

（3）取下砝码，更换铅笔，旋动试台旋钮，使试验台纵向移动一定距离更换试片划痕位置，重复准备操作后，再做下一次实验，依次用每种型号硬度的铅笔一次犁出五道划痕。

（4）从最硬的铅笔开始用此方法进行测试，当检定五道痕迹中，若有两次以上犁伤膜时，换上一级硬度的铅笔，直至找出五道痕迹中，只有一次犁伤涂膜（或没有破坏）的铅笔。则这一级铅笔的硬度值就代表被测涂膜的硬度。

五、实验结果及数据处理

平行实验三次，取算数平均值。

实验次数	乳胶漆硬度	清漆硬度	醇酸磁漆硬度
1			
2			
3			
平均值			

实验十二

涂膜冲击强度的测定

一、实验目的

1. 了解涂膜冲击强度的意义。
2. 掌握测定涂膜冲击强度的方法。

二、实验原理

冲击强度是漆膜受高速度负荷作用下的变形程度。冲击强度的测定使用的仪器是冲击试验器（如图 5-12-1）。以一公斤的重锤落在漆膜上，而不引起漆膜破坏的最大高度来表示，单位为 cm。

滑管中的重锤可自由移动，重锤借控制装置固定，并可移动凹缝中的固定螺钉，将其维持在范围内的任何高度上，滑管上有刻度以便读出重锤所处位置。

三、实验仪器与试样

1. 仪器

冲击试验器；4 倍放大镜。

2. 试样

在"实验八　涂膜的制备"所制得的漆膜产品中，选用规格为 50mm×50mm×（0.2～0.3）mm 的乳胶漆、醇酸磁漆及清漆漆膜试板进行测试，漆膜表面平整、无扭曲、无裂痕或皱纹。将干燥试板在温度（23±2）℃，

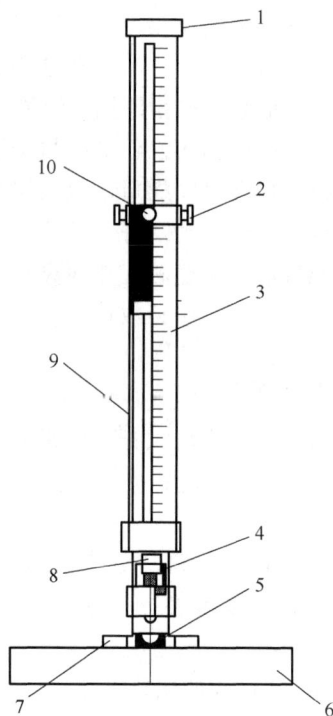

图 5-12-1　冲击试验器

1—导管盖；2—重锤控制器；3—刻度；4—冲头导槽；5—冲模；6—底座；7—支架；8—冲头；9—导管；10—重锤

相对湿度 50%±5%环境条件下至少调节 16h。

四、实验步骤

1. 检查冲杆中心是否与垫块凹孔中心一致，并作适当调整。

2. 将试板漆膜朝上平放在铁砧上，试板受冲击部分距边缘不少于 15mm，每个冲击点的边缘相距不得少于 15mm。将重锤借助控制装置固定在滑管的某一高度（其高度由产品标准规定或商定），按压控制钮，重锤即自由地落于冲头上。

3. 将重锤提起，重锤上的挂钩自动被控制器挂住，取出样板，用 4 倍放大镜观察，当漆膜没有裂纹、皱皮、剥落现象时，可增大重锤落下高度，继续进行漆膜冲击强度的测定，直至漆膜破坏或漆膜能经受起 120cm 高度的重锤冲击为止，每次增加高度为 5～10cm。

注意：每次实验都应在样板上的新的部位进行。

五、实验结果及数据处理

平行实验三次，取算数平均值。

实验次数	乳胶漆冲击强度/cm	清漆冲击强度/cm	醇酸磁漆冲击强度/cm
1			
2			
3			
平均值			

实验十三

涂膜柔韧性的测定

一、实验目的

1. 了解涂膜柔韧性的测定意义。
2. 熟悉柔韧性测定器的使用。

二、实验原理

漆膜柔韧性是衡量涂料性能的重要指标之一，对涂料品种的选择和应用具有很大的参考价值。测定方法参考 GB/T 1731—2020《漆膜、腻子膜柔韧性测定法》。漆膜在轴棒上弯曲时，涂膜伸长，轴棒的直径越小，涂膜外表面的伸长率越大，所以通过 1mm 直径的漆膜柔韧性最好。如果漆膜在外力作用下很容易拉长，但在撤除外力后漆膜又没有明显的收缩，这类漆膜就不适于涂饰在那些经常受到膨胀、压缩、振动等作用的物件上，否则漆膜就会起皱、龟裂，失去涂料的保护意义。

不同用途的涂料对柔韧性要求不同。内涂钢桶是先涂好内涂料后再卷合桶底和桶顶的，在卷合过程中涂膜随钢板卷曲而弯曲，如果涂膜的柔韧性不好，则在此过程中发生裂纹、网纹或剥落。所以，作为钢桶的内涂料，柔韧性要求达到1mm。否则，在钢桶顶、底和桶身卷合时涂膜容易发生破坏，使得内涂料的防腐性能变差。此外，多数聚合物在日光的曝晒下，由于紫外线辐射的作用发生日光化学变化，这些变化影响漆膜的弹性，特别是用于户外的防护涂料。在人工老化和天然曝晒样板的实验中，比较实验前后的漆膜柔韧性就可得到关于该涂料耐久性和耐候性的启示，由此可以得到有充分依据的使用性预测数据。

三、实验仪器与试样

1. 仪器

4倍放大镜；柔韧性测定器，如图5-13-1所示，由直径不同的7个钢制轴棒固定在底座上组成，各轴棒的尺寸如下：

轴棒1　长35mm，直径$\phi15_{-0.05}^{0}$ mm；

轴棒2　长35mm，直径$\phi10_{-0.05}^{0}$ mm；

轴棒3　长35mm，直径$\phi5_{-0.05}^{0}$ 0.05mm；

轴棒4　长35mm，直径$\phi4_{-0.05}^{0}$ mm；

轴棒5　35mm×10mm×3mm，曲率半径$\phi(1.5\pm0.1)$mm；

轴棒6　35mm×10mm×2mm，曲率半径$\phi(1\pm0.1)$mm；

轴棒7　35mm×10mm×1mm，曲率半径$\phi(0.5\pm0.1)$mm；

柔韧性测定器经装配后，各轴棒与安装平面的垂直度公差值应不大于0.1mm。

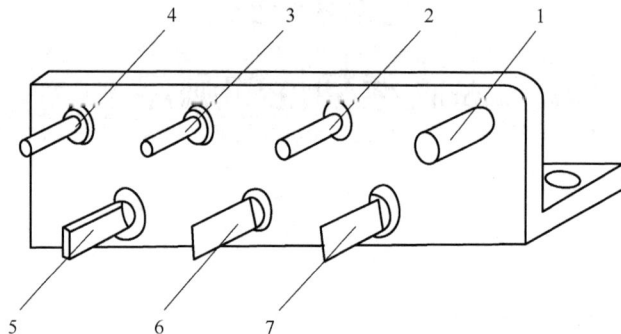

图5-13-1　柔韧性测定器

2. 试样

在"实验八　涂膜的制备"所制得的漆膜产品中，选用规格为50mm×120mm×（0.2～0.3）mm的乳胶漆、醇酸磁漆及清漆漆膜试板进行测试，漆膜表面平整、无扭曲、无裂痕或皱纹。

四、实验步骤

试板漆膜朝上，用双手将试板紧压于漆膜柔韧性测定器规定直径的轴棒上，利用两根大拇指在 2～3s 内，以平稳速度绕轴棒弯曲试板，弯曲后两根大拇指应对称于轴棒中心线。在GB/T 37356 中规定的自然日光或人造日光下，观察漆膜是否有网纹、裂纹及剥落现象，如有需要可采用 4 倍放大镜进行观察。试板边缘 2mm 范围内出现网纹、裂纹及剥落现象不列入实验结果。如果未观察到漆膜有网纹、裂纹及剥落现象，就用直径更小的轴棒进行弯曲，如果观察到漆膜有网纹、裂纹及剥落现象，就用直径更大的轴棒进行弯曲。

五、实验结果及数据处理

结果以至少两次实验未观察到网纹、裂纹及剥落现象的最小轴棒直径（mm）表示。

实验十四

涂膜耐洗刷性的测定

一、实验目的

1. 了解涂膜耐洗刷性的原理。
2. 熟悉涂料涂层（平面状）的耐洗刷性的测定方法。

二、实验原理

涂膜的洗刷过程实际上是水润滑下的摩擦过程。洗刷过程中水的作用如下：①润滑剂。②降低摩擦表面的温度。另外，在聚物分散方面，亲水型多元酸共聚物分散剂的效果明显不如其他类型的分散剂。③当聚合物中含有酰胺基、酯基、氰基、缩醛基、酮基，或聚合物发生氧化作用能生成可水解的基团时，水能引起这些聚合物的降解。④作为介质，与漆膜中的亲水基团发生反应，最终导致涂膜破损。

三、实验仪器与试样

1. 仪器

洗刷试验机：该洗刷机是一种使刷子在试验样板的涂层表面作直线往复运动，对其进行洗刷的仪器。刷子运动频率为每分钟往复 37 次循环（74 个冲程），每个冲程刷子运动距离为300mm，在中间 100mm 区间大致为匀速运动。在 90mm×38mm×25mm 的硬木平板上，均匀地打 60 个直径约为 3mm 的小孔，分别在孔内垂直地栽上黑猪鬃毛，与板面成直角剪平，毛长约为 19mm。使用前，将刷毛浸入 20℃左右水中，12mm 深，30min，再用力甩净水，浸入符合规定的洗刷介质中 12mm 深，20min。刷子经此处理，方可使用。刷毛磨损至长度小于 16mm 时，须重新更换刷子。

2. 试样

（1）底板　430mm×150mm×3mm 洁净、干燥的玻璃试板或商定的其他材质的试板。

① 涂底漆。在符合规定的底板上，单面喷涂一道铁红醇酸底漆，使其于（105±2）℃下烘烤 30min，干漆膜厚度为（30±3）μm。

注：若为建筑涂料的深色漆，则可用白色醇酸无光磁漆作为底漆。

② 涂面漆。在符合规定涂有底漆的板上，施涂待测试样的建筑涂料。

以 55%固体分的涂料刷涂两道。第一道涂布量为（150±20）g/m²；第二道涂布量为（100±20）g/m²（若涂料的固体分不是 55%，可换算成等量的固体分进行涂布）。施涂间隔时间为 4h，涂完末道涂层使样板涂漆面向上，于温度为（23±2）℃、相对湿度为（50±5）%的条件下干燥 7d。

施涂两道漆后，其干漆膜总厚度为（45±5）μm。涂漆间隔时间及样板的干燥、处置条件均按产品标准的规定执行。

（2）洗刷介质　将洗衣粉溶于蒸馏水中，配成 0.5%（按质量计）的溶液，其 pH 值为 9.5～10。

注：洗刷介质也可以是按产品标准规定的其他介质。

（3）毛刷　将毛刷的 12mm 部分浸入（23±2）℃的水中 30min，取出并用力刷净水，再将毛刷浸入洗刷介质中 20min，经处理后方可使用。

四、实验步骤

本实验对同一试样采用三块样板进行平行实验。

1. 将试验样板涂漆面向上，水平地固定在洗刷试验机的试验台板上。

2. 将预处理过的刷子置于试验样板的涂漆面上，试板承受约 450g 的负荷（刷子及夹具的总重量），往复摩擦涂膜，同时滴加（滴加速度为 0.04g/s）符合规定的洗刷介质，使洗刷面保持润湿。

3. 视产品要求，洗刷至规定次数（或洗刷至样板长度的中间 100mm 区域露出底漆颜色）后，从试验机上取下试验样板，用自来水清洗。

五、实验结果及数据处理

1. 在散射日光下检查试验样板被洗刷过的中间长度 100mm 区域的涂膜，观察其是否破损露出底漆颜色。

2. 洗刷至规定的次数，三块试板中至少有两块试板的涂膜无破损，不露出底漆颜色，则认为其耐洗刷性合格。

3. 洗刷到涂层刚好破损至露出底材，以两块试板中洗刷次数多的报出结果。

实验十五

中性盐雾实验

一、实验目的

1. 了解室内加速腐蚀实验的目的及意义。
2. 掌握中性盐雾实验原理及方法。

二、实验原理

中性盐雾实验（NSS：neutral salt spray test）是在特定的试验箱内，将含有（5±0.5）%氯化钠、pH值为6.5～7.2的盐水通过喷雾装置进行喷雾，让盐雾沉降到待测试验件上，经过一定时间观察其表面腐蚀状态。试验箱的温度要求在（35±2）℃，湿度大于95%，降雾量为1～2mL/（h·cm²），喷嘴压力为78.5～137.3kPa（0.8～1.4kgf/cm²）。

三、实验仪器及试样

1. 仪器

盐雾试验箱；天平；pH试纸。

2. 试样

在"实验八　涂膜的制备"所制得的漆膜产品中，选用规格为50mm×50mm×（0.2～0.3）mm的乳胶漆、醇酸磁漆及清漆漆膜试板进行测试，漆膜表面平整、无扭曲、无裂痕或皱纹。

四、实验步骤

1. 工作室底部加入自来水，以不超过溢水橡胶塞的高度为准，使箱内保持一定水位；
2. 箱体上部四周的密封水槽内灌入2/3的自来水，以关闭箱盖后不外溢为准；
3. 从蒸馏水进水口向空气饱和器加入蒸馏水，使液面计透明管的水面高度在透明管总高度的1/5～4/5之间，加到规定水位后，关紧阀门；
4. 配制3000mL 5%NaCl溶液并倒入贮水箱；
5. 工作室温度设定为35℃，空气饱和器温度设定为45℃，控制方式选自动，喷雾方式选周期；
6. 将加工好的金属试片用酒精棉擦净，称重后在试验箱中固定好；
7. 接通空气压缩机电源，按下电源按钮，开始实验；
8. 实验中注意观察并确保蒸馏水和盐水的量不要低于警戒值，箱体后排污管所排出的盐水要及时清理，达到固定时间后将试样拿出观察。

五、实验结果及数据处理

1. 盐雾实验 1h、2h、3h、4h、5h、24h 后，观察试样表面状态并记录。
2. 结果及讨论：根据观察结果、分析试样在不同时间段的腐蚀情况并讨论。

实验十六

涂料遮盖力的测定

一、实验目的

1. 了解涂料遮盖力的影响因素。
2. 掌握涂料遮盖力的测定方法。

二、实验原理

遮盖力是涂料施工性能的重要指标之一。遮盖准则以是否遮盖底材为判断基础。遮盖力是指色漆遮盖底材颜色或色差的能力。它指将色漆均匀地涂刷在物体表面上，使其底色不再呈现的最小用漆量，单位为 g/m^2。

一般认为，色漆的遮盖力取决于颜料折射率与漆料折射率之差。其差值越大，遮盖力越强。漆料的折射率一般为 1.5 左右，则颜料折射率越高，遮盖力越好。例如，金红石型钛白（2.76）＞锐钛型钛白（2.55）＞立德粉（1.84），而体质颜料，如煅烧高岭土（1.62）、碳酸钙（1.59）的折射率比漆料高得有限，故几乎没有什么遮盖力。色漆的遮盖力还主要与所用颜料的品种及颜料体枳浓度有关。例如，对光散射性好的金红石型钛白（折射率为 2.76）就比同等用量的立德粉（折射率为 1.84）遮盖力要好。同样，粒度小且分布均匀的颜料要比粒度大、分布不均匀的颜料遮盖力好。增加颜料的用量，即提高颜料体积浓度也可提高遮盖。相同配方的色漆在制造中颜料的研磨分散效果越好，颜料附聚体团粒越小，充分发挥颜料粒子的散射/吸收功能越能得到充分发挥，从而提高其遮盖力。此外，施涂均匀、流平性好的漆膜比流平性差且不均匀的漆膜也有较高的遮盖力。不同的施工方法（刷涂、辊涂、刮涂、喷涂）测得的遮盖力也不相同。本实验参照 GB/T 23981.2—2023《色漆和清漆　遮盖力的测定　第 2 部分：黑白格板法》。

三、实验仪器与试样

1. 仪器

漆刷：宽 25～35mm；玻璃板：100mm×100mm×（3±1）mm；木板：100mm×100mm×

（1.5～2.5）mm；天平：1mg；黑白格玻璃板：100mm×250mm（一端 100mm×50mm 部分，留作实验时手执之用），如图 5-16-1 所示。

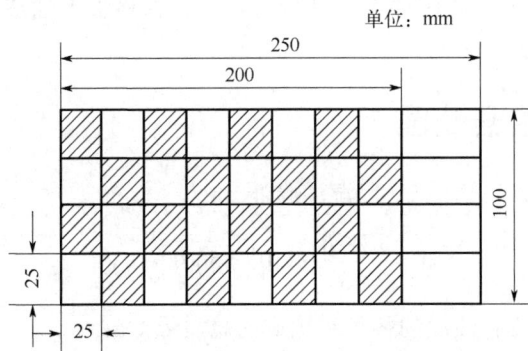

图 5-16-1 黑白格玻璃板

木制暗箱：600mm×500mm×400mm，如图 5-16-2 所示。暗箱内用 3mm 厚的磨砂玻璃将箱分为上下两部分，磨砂玻璃的磨面向下，使光源均匀。暗箱上均匀地平行安装 15W 日光灯 2 支，正面安装一挡光板，暗箱下部正面敞开用于检验，内壁涂无光黑漆。

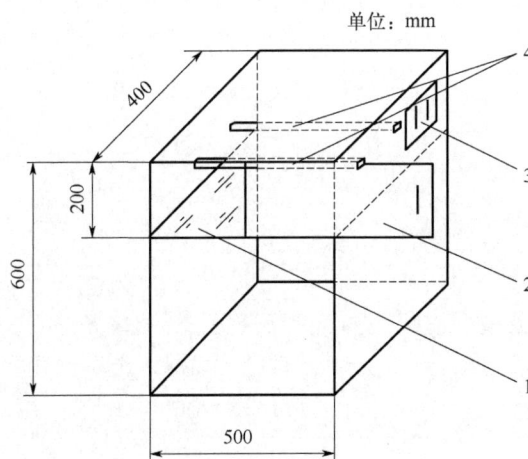

图 5-16-2 木制暗箱

1—磨砂玻璃；2—挡光板；3—电源开关；4—15W 日光灯

2. 试样

色漆。

四、实验步骤

采用刷涂法：

1. 根据产品标准规定的黏度（如黏度大无法涂刷，则将试样调至涂刷的黏度，但稀释剂用量在计算遮盖力时应扣除），在感量为 1mg 天平上称出盛有油漆的杯子和漆刷的总质量。

2. 用漆刷将油漆均匀地涂刷于玻璃黑白格板上，放在暗箱内，距离磨砂玻璃片（15～20）cm，有黑白格的一端与平面倾斜成 30°～45°夹角，在 1 支或 2 支日光灯下进行观察，以都刚好看不见黑白格为终点。

3. 将盛有余漆的杯子和漆刷称重，减量法求出黑白格板上油漆质量。涂刷时应快速均匀，不应将油漆刷在板的边缘上。

五、实验结果及数据处理

遮盖力 X（g/m²）按下式计算（以湿漆膜计）：

$$X = \frac{W_1 - W_2}{S} \times 10^4 = 50(W_1 - W_2)$$

式中　W_1——未涂刷前盛有油漆的杯子和漆刷的总质量，g；

W_2——涂刷后盛有余漆的杯子和漆刷的总质量，g；

S　——黑白格板涂漆的面积，cm²。

平行测定两次，结果之差不大于平均值的 5%，则取其平均值，否则必须重新实验。

第六章　胶黏剂性能表征实验

胶黏剂性能表征实验是一门实践性很强的学科，其理论的形成和发展来源于科学实验。实验的教学目的是验证、巩固和扩展所学知识，培养学生的基本实验技能、独立操作能力、科研创新能力和严谨的科学态度，从而增强其科学研究的基本素质。

1. 通过本章的学习使学生能正确使用胶黏剂性能测试的基本仪器，初步掌握操作技术。

2. 通过本章的实验教学，使学生掌握对胶黏剂类产品的科学研究方法并形成实事求是的工作作风。锻炼学生自我教育、探索未知的能力，训练学生的实验操作技能，引导学生勤于动脑、动手，强化理论知识的综合运用。逐步培养学生能够客观地对事物进行观察、比较、综合分析的能力以及独立思考、解决实际问题的能力。

实验一
胶黏剂密度的测定

一、实验目的

学会胶黏剂密度的测定方法。

二、实验原理

密度能反映胶黏剂混合的均匀程度，是计算胶黏剂涂布量的依据。实际生产中，常用密度计、密度瓶、韦氏天平、重量杯和简易法测定胶黏剂的密度。在此只介绍重量杯法和简易法。

1. 重量杯法

重量杯法是用 37.00mL 的重量杯测定液态胶黏剂及其组分密度的方法。它适用于液态胶黏剂密度的测定，特别适用于黏度较高或组分挥发性较大、不宜用密度瓶法测定密度的液态胶黏剂。

用 20℃ 下容量为 37.00mL 的重量杯所盛液态胶黏剂的质量除以 37.00mL，即可得到胶黏剂的密度。计算方法如下式：

$$\rho = \frac{m_2 - m_1}{37.00}$$

式中，ρ 为液态胶黏剂的密度；m_1 为空重量杯的质量；m_2 为装满试样的重量杯质量。

2. 简易法

简易法就是利用医用注射器测量密度。对于易流动的液态胶黏剂选用粗针头，对于难流动的膏状物可不用针头。计算方法如下式：

$$\rho = \frac{m_3 - m_1}{m_2 - m_1}$$

式中，ρ 为液态胶黏剂的密度；m_1 为空注射器的质量；m_2 为装满水的注射器质量；m_3 为装满胶黏剂的注射器质量。

三、实验仪器

1. 重量杯法

重量杯；恒温水浴锅；天平；温度计。

2. 简易法

医用注射器 15～30mL；恒温水浴锅；天平；温度计；恒温烘箱。

四、实验步骤

1. 重量杯法

（1）准备足以进行 3 次测定用的胶黏剂样品。

（2）用挥发性溶剂清洗重量杯并干燥之。

（3）在 25℃ 以下把搅拌均匀的胶黏剂试样装满重量杯，然后将盖子盖紧，并使溢流口保持开启。随即用酒精棉擦去溢出物。

（4）将盛有胶黏剂试样的重量杯置于恒温水浴或恒温室，使试样恒温至（23±1）℃。

（5）用溶剂擦去溢出物，然后用重量杯的配对砝码称重装有试样的重量杯，精确至 0.001g。

（6）每个胶黏剂样品测试 3 次，以 3 次数据的算术平均值作为实验结果。

2. 简易法

（1）取医用注射器 1 支，装满铬酸洗液，放置 5～6h，水洗，再用无水乙醇洗，然后干燥，精确称出质量 m_1。

（2）于注射器内装满测试温度范围的蒸馏水，排除空气泡，保持一定体积，称出质量 m_2。

（3）将注射器的蒸馏水倒出，并烘干，再用欲测的胶黏剂洗 1～2 次，以与装蒸馏水同样的条件装满胶黏剂，排除气泡，称得质量 m_3。

（4）连续测定 3 次，取平均值。

五、实验结果及数据处理

实验结果

实验次数	重量杯法	简易法
1		
2		
3		
平均值		

实验二

胶黏剂黏度的测定

一、实验目的

1. 了解胶黏剂黏度的定义和测试原理。
2. 掌握各种测定胶黏剂的黏度的测试方法。

二、实验原理

黏度是表征胶黏剂质量的重要指标之一，黏度直接影响流动性和黏结强度，决定着施胶的工艺方法。胶黏剂熔体或浓溶液的物态属黏流态，这时大分子链处于紊乱状态，链段之间互相缠结，故流动时产生内摩擦而呈现黏性。黏性的定量表征是黏度，它是克服内摩擦的一种量度。黏度影响胶黏剂的流动性和润湿性。

胶黏剂黏度大小与树脂反应终点控制有直接关系，过早停止反应，黏度就小；反应时间长，黏度就大。脱水树脂的黏度又与脱水量多少有关，脱水量愈多，黏度就愈大。此外，黏度大小还和温度成反比例关系，同一种胶由于使用时温度不同，使用时的黏度也不同。

不同的胶接制品对黏度有不同要求，如刨花板用胶要求黏度较小，以便于施胶。黏度太大易造成施胶不匀，影响胶接质量，而细木板则要求黏度大一些，黏度太小容易渗透造成表面缺胶。所以不同胶接制品和不同加工工艺有不同的黏度要求。

测黏度的仪器很多，常用的有改良奥式黏度计、气泡黏度计、涂-4 黏度计、恩格勒黏度、旋转黏度计等。胶黏剂黏度的测定常用的方法是涂-4 黏度计、旋转黏度计法。这两种方法在本书第五章进行了详细介绍，在此就不详述了；本实验详细介绍气泡黏度计和改良奥氏黏度计测定液体胶黏剂黏度的原理。

气泡黏度计是在玻璃管内注入试样和一定量的空气，由气泡的上升速度求黏度。气泡黏度计的构造如图 6-2-1，由硬质玻璃制成，内径（10.00±0.05）mm。

改良奥氏黏度计（图 6-2-2）是测定一定体积的试样流经毛细管所需的时间。改良奥氏黏度计毛细管部分有一定斜度，使下球 D（测定球）与扩张部分 H（试样球）的液面中心在同一垂直线上，故可以改变压力差，减少倾斜误差。

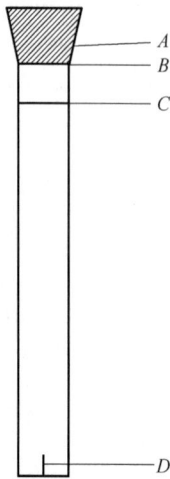

图 6-2-1　气泡黏度计

$AB≈$5mm；$BC≈$（8±1）mm；$CD≈$（100±1）mm

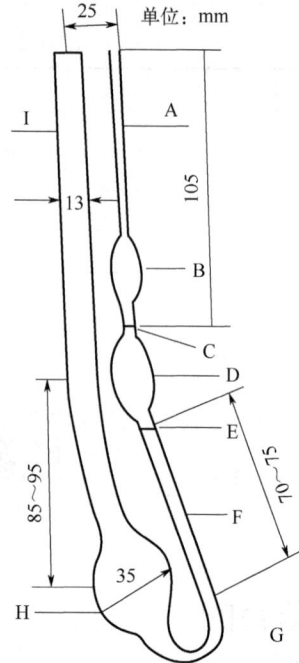

图 6-2-2　改良奥氏黏度计

A—管身；B—上球；C—标线；D—下球；E—标线；

F—毛细管；G—弯管部分；H—扩张部分；I—管身

三、实验仪器

恒温水浴；水银温度计（0～50℃）；秒表（精度 0.2s）；气泡黏度计；改良奥氏黏度计；黏度计毛细管直径根据试样黏度大小选定，常用的有 1.2mm、1.5mm、2.0mm、2.5mm 等。黏度计必须标定其常数。

四、实验步骤

1. 气泡黏度计法

将试样倒入气泡黏度计 C 处，塞上胶塞或木塞至 B 处，放入 25℃的恒温水浴杯内，保温 15min。然后取出黏度计，再倒转 180°并立即按动秒表，当气泡上端上升到 D 处时，按停秒表，以所得值（s）表征试样黏度。重复测定两次，求出平均值。

注：本实验在 20℃恒温水槽中测定。

2. 改良奥氏黏度计法

（1）奥式黏度计的常数的标定

① 标定液体：选择一种已知黏度的标定液体，它的黏度值应该在奥式黏度计的测量范围内，并且建议是和实际要测量的样品性质相近的液体。

② 准备测量：将奥式黏度计置于恒温槽中，调整好温度，并确保仪器的稳定。

③ 测量：将标定液体注入奥式黏度计的测量杯中，然后开启计时器，让标定液体流出，测量其流出时间。测量时间应该与标定液体的黏度相适应。

④ 计算系数：根据标定液体的黏度和流出时间，可以计算出奥式黏度计的系数 k。计算公式如下：

$$k = \frac{V}{t}$$

式中，V 为标准油样运动黏度，CSt（$1CSt=1mm^2/s$）；t 为时间，s。

⑤ 校准：根据计算得到的系数，对奥式黏度计进行校准。在实际使用中可以通过校准的系数将测量结果转换为实际的黏度值。

注：黏度计常数用已知黏度的标准油样来测定。不同直径的黏度计应选用不同黏度的标准油样。

（2）样品的测定

① 应根据试样流出时间选用黏度计。试样的流出时间须在 50～300s 范围内。

② 黏度计应仔细洗涤干净，并烘干。先把水浴的温度调节到（20±0.1）℃（夏季用冰水调温）。

③ 装样时将黏度计倒置，使 A 管上口浸没在试样中，用吸耳球抽气，使试样升至标线 E 时停止抽气，立即将黏度计倒转回正常位置。然后把盛有试样的黏度计夹在恒温水浴的夹子上，黏度计上半部分应保持垂直状态，水面浸没黏度计的上球 B。保温 15min 后进行测定。

④ 测定：用橡胶管接到黏度计 A 管上口，然后用吸气球抽气，使试样液面升到标线 C 以上，当试样液面流至标线 C 时，按动秒表，液面流至标线 E 时，按停秒表，记录时间。重复测定三次，平行测定结果之差不大于 0.2s，求出平均值。黏度按下式计算

$$\eta = tk\rho$$

式中，η 为黏度，mPa·s；t 为时间，s；k 为黏度计常数，mm^2/s^2；ρ 为密度，g/cm^3（20℃）。

五、实验结果及数据处理

实验结果

实验次数	气泡黏度计法/s	改良奥氏黏度计法/（mPa·s）
1		
2		
3		
平均值		

六、思考题

在各种黏度测定方法中，为了准确地测定黏度，需要共同注意的问题是什么？

实验三

胶黏剂 pH 的测定

一、实验目的

1. 通过树脂 pH 的测定，掌握 pH 计的使用方法。
2. 了解氨基树脂成品的 pH 范围。

二、实验原理

在氨基树脂等胶黏剂中，pH 是一项很重要的质量指标，因为它关系到树脂的贮存稳定性并影响固化时间。氨基树脂在酸性介质中反应速度较快，在中性介质中比较稳定，所以脲醛树脂最后将成品 pH 调至 7～8；三聚氰胺-甲醛树脂在微碱性介质中比较稳定，所以最后成品 pH 调至 8.5～9.5。

pH 的测定方法常用 pH 计法、试纸法和比色法。pH 试纸测定 pH，方法简单、使用方便，但当被测液颜色较深时误差较大。用比色法可以克服这一缺点。比色法一般有两种方法：一是用混合指示剂，其测定方法是在比色管内装入被测液试样至中间刻度线，加水稀释至满刻度，再滴加 2 滴混合指示剂，振动均匀后，观察其颜色，确定 pH，如表 6-3-1 所示。另一种是使用万能指示剂（将酚酞 1.3g，甲基红 0.4g，溴代麝香酚蓝 0.9g，麝香草酚蓝 0.2g 四种指示剂溶解在 1L 70%～80%酒精中，等到完全溶解后再加入 0.102mol/L 的 NaOH 使其变绿色即可），测定方法相似，只是用比色板或标准比色管比色确定 pH。

表 6-3-1　混合指示液显色范围

pH	7.6	7.0	6.5	6.0	5.6～5.7	5.5	5.2～5.4	5.0
色泽	蓝色	绿色	橄榄绿色	黄色	橙黄色	橙黄-红色	红-橙黄	红色

三、实验仪器试剂与试样

1. 仪器

pH 计；复合电极；恒温水浴锅；烧杯（50mL，100mL）。

2. 试剂

标准缓冲液（pH=4.00，pH=6.86，pH=9.18）；混合指示剂（0.125g 甲基红和 0.4g 溴麝香草酚蓝，溶于 150mL 乙醇中）；万能指示剂。

3. 试样

酚醛树脂胶黏剂。

四、实验步骤

1. 用标准缓冲液进行 pH 计校准。

2. 用量筒量取 50.0mL 试样倾入烧杯中。当试样的黏度大于 20Pa·s 时，用量筒量取 25.0mL 试样和 25.0mL 蒸馏水倒入同一烧杯，用玻璃棒搅匀后作为试料。

3. 将盛有试料的烧杯放入（25±1）℃的恒温水浴中，温度达到稳定平衡后，将电极插入试料中进行测定。

4. 在连续三个试料测定中，若三个 pH 的差值大于 0.2，则应重新取三个试料重新测定，直到 pH 的差值不大于 0.2 为止。

五、实验结果及数据处理

取三个试样 pH 值的算术平均值作为实验结果。

六、思考题

哪些因素会影响胶黏剂 pH 的测定？

实验四

胶黏剂固体含量的测定

一、实验目的

1. 掌握树脂固体含量的测定原理与方法。
2. 测定液体胶黏剂及树脂（酚醛、脲醛及三聚氰胺甲醛树脂）的固体含量。

二、实验原理

固体含量是胶黏剂中非挥发性物质的含量，以质量分数表示。固体含量是产生粘接强度的根本因素，也是胶黏剂的一项重要指标。测定固体含量可以了解胶黏剂的配方是否正确，性能是否可靠。

不同胶黏剂对固体含量要求亦有所不同，如胶合板用胶，一般调胶时要加填料，因此固体含量可低些；刨花板热压时温度高、时间短，且拌胶后的刨花挥发物含量亦高，因此要求胶黏剂固体含量高，否则容易鼓包开胶。此外还要与被粘材料含水率配合起来考虑。被粘材料含水率低，固体含量可要求低一些。

工厂负责产品中间质量控制和最后成品检验，经常采用测定树脂的折射率的方法来检验固体含量。固体含量也可采用烘干法进行测定，试样在一定温度下加热一定时间后，以加热后试样质量与加热前试样质量的比值表示固体含量。

用烘干法测固体含量有常压烘干法和减压烘干法。测试条件（温度、时间、常压烘干还是减压烘干、减压烘干的真空度等）不同，所得数据相差悬殊，最大可达 5%。

一般地说，用常压烘干法测固体含量温度较高、加热时间较长，否则挥发成分不能完全挥发掉。但高温、长时间加热会使胶黏剂中的树脂发生不同程度的分解反应，也会使缩聚类树脂进一步缩聚，生成低分子物质。由于挥发成分增加，测定的固体含量值偏低。由上可知，测定固体含量尽量避免高温或长时间加热。

和常压法比较，减压烘干法具有低温、快速、准确的优点。这是因为减压烘干可降低水分子及其它挥发物分子从胶液中逸出胶液表面所需要的能量，从而加速挥发物的蒸发，烘干过程可在较低温度下、较短时间内完成，减少了树脂分解或进一步缩聚的可能性。常压法操作简单，减压法操作比较复杂。

三、实验仪器与试样

1. 仪器

真空干燥箱：精度±2℃；分析天平；干燥器；称量瓶；铝箔；温度计。

2. 试样

脲醛树脂、酚醛树脂胶黏剂。

四、实验步骤

1. 本实验采用常压烘干法，在预先干燥至质量恒定的称量瓶中，用分析天平称取适量试样（准确至 0.001g）。将称量瓶放入恒定温度的真空烘箱内，按表 6-4-1 规定的干燥条件干燥。

2. 取出试样放入干燥器内，冷却 20min，称量。要求平行测定两个试样。平行结果之差不大于 1.0%。

表 6-4-1　试样干燥条件

胶黏剂种类	试样质量/g	干燥温度/℃	干燥时间/min
脲醛、三聚氰胺	1.5	105±2	180
酚醛树脂	1.5	135±2	60
其他胶黏剂	1.0	105±2	180

五、实验结果及数据处理

固体含量（以质量分数表示）w 按式（6-4-1）计算：

$$w = \frac{m - m_1}{m_2 - m_1}$$

（6-4-1）

式中　m ——称量瓶与干燥后树脂的质量；

m_1 ——称量瓶的质量；

m_2 ——称量瓶与干燥前树脂的质量。

六、思考题

1. 为什么说用烘干法测定的是固体含量而不是树脂含量？
2. 试述用常压烘干法和减压烘干法的优缺点。
3. 如果你测试的结果不准确，请分析一下原因。

实验五

胶黏剂可操作时间的测定

一、实验目的

了解胶黏剂可操作时间的定义和测定方法。

二、实验原理

可操作时间也称为适用期或可使用时间，即配制后的胶黏剂能维持其可用性的时间。可操作时间是化学反应型胶黏剂和双液型橡胶胶黏剂的重要工艺指标，对于胶黏剂的配制量和施工时间很有指导意义。

化学反应型胶黏剂一般在混合后便开始放热，其黏度显著增长直至凝胶，这段时间即为胶黏剂适用期。本实验采用旋转黏度计法：通过胶黏剂反应时黏度的增大，测定可操作时间。值得注意的是：此方法不适用于可操作时间小于 5min 的胶黏剂。

三、实验仪器与试样

1. 仪器

恒温水浴：温度波动不大于±2℃；旋转黏度计；天平：称量范围 0～500g，精度为±0.2g；烧杯：400mL；秒表：精确至±1s 内；刮刀。

2. 试样

环氧树脂双组分结构胶。

四、实验步骤

1. 把待测胶黏剂的各组分放置在（23±2）℃实验温度下至少 4h。

2. 按使用说明比例称取一定量（建议 200g）的实验胶黏剂于烧杯中，用平面刮刀在（60±10s）内将实验样品混合均匀，注意烧杯底部及边缘区域的也要充分混合。

3. 混合完成后，启动秒表计时，作为胶黏剂适用期的起始时刻。立刻用旋转黏度计测试胶黏剂的黏度。

4. 记录初始黏度值，该测试值可以认为是化学反应的表观黏度变化的开始。根据预期的可操作时间进行间隔测试。

5. 胶黏剂的可操作时间为混合结束至达到预先规定黏度值之间的时间，通常规定黏度值为初始黏度的 2 倍。

五、实验结果及数据处理

将胶黏剂黏度对时间作图，以黏度值为初始黏度的 2 倍的时间作为胶黏剂的可操作时间，实验结果以 h 或 min 表示。以至少三次测定值的平均值作为测定结果。

实验六

胶黏剂固化时间的测定

一、实验目的

掌握胶黏剂固化时间的测定原理与方法。

二、实验原理

固化时间即在规定的温度压力条件下，装配件中胶黏剂固化所需的时间，这里是指树脂本身的固化时间。对固化时间的要求与适用期正好相反，固化快，可缩短热压时间，提高生产效率，因此固化时间短些较好。本方法适用于酚醛树脂固化时间的测定，酚醛树脂固化时间是指树脂加入固化剂后在 100℃的沸水中，从树脂放入开始到树脂固化所需要的时间，以 s 计。

三、实验仪器与试样

1. 仪器

平底或圆底短颈烧瓶（1000mL）；天平；秒表；试管（直径 18mm，长 150mm）；搅拌棒（铁丝，直径 2mm，长 300mm）。树脂固化时间测定装置见图 6-6-1。

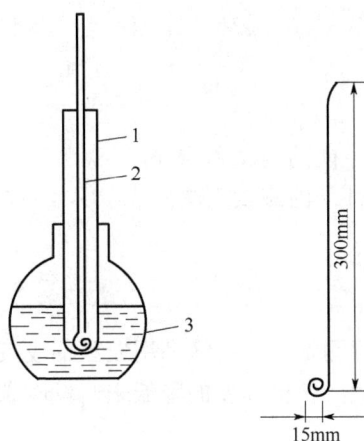

图 6-6-1　树脂固化时间测定装置
1—试管；2—搅拌棒；3—短颈烧瓶

2. 试样

酚醛树脂。

四、实验步骤

1. 称取 50g 酚醛树脂放入 100mL 烧杯中，在烧杯中加入相当于树脂固体含量 1.7% 的固体氯化铵（分析纯），搅拌均匀后，立即取出试样 2g，放入试管中（注意不要使试样粘在管壁上），插入搅拌棒，将试管放入有沸水的短颈烧瓶中。

氯化铵用量 m 按下式计算：

$$m = m_0 \times w \times K$$

式中，m_0 为树脂质量；w 为树脂固体质量分数；K 为 1g 干树脂的氯化铵加入的质量，一般为 0.017。

2. 瓶中沸水的水面，比试管中的试样液面要高出 20mm，在不断搅拌下，试样逐渐硬化。当试样放入烧瓶中时，即开始按动秒表，直到搅拌棒突然不能提起的瞬间停止秒表，记录时间。

五、实验结果及数据处理

平行测定三次，取其平均值。平行测定结果之差不超过 2s。

实验七

胶黏剂耐化学试剂性能的测定

一、实验目的

1. 了解胶黏剂耐化学试剂性能的定义和原理。
2. 掌握胶黏剂耐化学试剂性能的测试方法。

二、实验原理

按 GB/T 13353—1992 进行测定。该方法利用胶黏剂胶接的金属试样在一定的实验液体中、一定温度下浸泡规定时间后，粘接强度的降低来衡量胶黏剂的耐化学试剂性能，适用于各种类型的胶黏剂。

按 GB/T 6328—2021 的规定制备一批试样，再将该批试样任意分为两组，一组试样在一定温度条件下浸泡在规定的实验液体里，浸泡一定时间后测定其强度；另一组试样在相同温度条件的空气中放置相同的时间后测定其强度。两组强度值之差与在空气中强度值的比值为胶黏剂耐化学试剂性能的强度变化率。

三、实验仪器、试样与实验液体

1. 仪器

（1）使用所采用的测定方法中规定试验机和夹具。

（2）实验容器在试样浸泡期内应能密封，并能承受液体在实验温度时所产生的压力和不受所使用液体的腐蚀。

2. 试样

按 GB/T 6328—2021 规定制备一批试样。

3. 实验液体

（1）矿物油中的芳香烃含量是造成胶黏剂溶胀的主要原因，在不同产地、不同批次的同种牌号的商品油中，芳香烃含量也可能不同，因此商品油不能直接用作实验液体。

（2）耐烃类润滑油的溶胀性能实验应在橡胶标准实验油 1 号、2 号、3 号中选择实验液体，所选用的标准实验油的苯胺点应最靠近商品油的苯胺点，橡胶标准实验油应符合表 6-7-1 的有关规定。

表 6-7-1　橡胶标准实验油理化性能

项目	理化性能指标		
	1 号	2 号	3 号
苯胺点 /℃	124±1	93±3	70±1
运动黏度/（$10^{-6}m^2/s$）	20±1	20±2	33±1
闪点 /℃	243	240	163

注：1 号、2 号实验油运动黏度的测量温度为 99℃，3 号实验油为 37.8℃。

（3）橡胶标准实验油的理化性能测定按 GB/T 262—2010、GB/T 265—1988 及 GB 267—1988 进行。

（4）耐化学试剂性能实验应采用产品使用时所接触的同样浓度的化学试剂。

（5）蒸馏水。

四、实验条件

（1）在下列的推荐温度选择浸泡温度：（23±2）℃、（27±2）℃、（40±1）℃、（50±1）℃、（70±1）℃、（85±1）℃、（100±1）℃、（125±2）℃、（150±2）℃、（175±2）℃、（200±2）℃、（225±3）℃、（250±3）℃。

（2）在下列的推荐时间选择浸泡时间：$24_{-0.25}^{0}$h，70_{0}^{+2}h，（168±2）h，168h 的倍数。

（3）实验液体体积应不少于试样总体积的 10 倍，并确保试样始终浸泡在实验液体中。

（4）实验液体只限于使用 1 次。试样制备后的停放条件、实验环境、实验步骤、实验结果的计算均应遵循使用的测定方法标准的规定。

五、实验步骤

1. 把实验液体倒入容器内，倒入的量应符合实验条件的规定。

2. 把 1 组试样放入容器内，每个试样沿容器壁放置。

3. 合上容器盖至完全密闭，做高温实验要先调节恒温箱，使恒温箱温度达到实验条件中选定的温度，将容器放入恒温箱内再开始计时。

4. 浸泡时间应符合实验条件（2）的规定。

5. 室温实验时，每隔 24h 轻轻晃动容器，使容器内各部分实验液体的浓度保持一致。

6. 达到规定时间后从容器中取出试样，高温实验时，应先从恒温箱内取出密闭容器，冷却至室温再取出试样。

7. 当实验液体是橡胶标准实验油时，用一合适有机溶剂洗净试样上的介质。

8. 测定试样的强度，并计算算术平均值。

9. 在和步骤 3 相同温度下，把另一组试样在空气中放置和步骤 4 相同的时间后，测定试样的强度，并计算算术平均值。

六、实验结果及数据处理

胶黏剂耐化学试剂强度变化率 $\Delta\delta$ 按下式计算，计算结果精确到 0.01。

$$\Delta\delta = \frac{\delta_0 - \delta_1}{\delta_0}$$

式中，$\Delta\delta$ 为胶黏剂耐化学试剂强度变化率；δ_0 为在空气中放置后试样强度的算术平均值；δ_1 为经化学试剂浸泡后试样强度的算术平均值。

实验八

胶黏剂游离醛含量的测定

一、实验目的

1. 了解胶黏剂游离醛的测试原理。
2. 掌握不同胶黏剂游离醛的测试方法。

二、实验原理

游离醛即树脂制造中没有参加反应的甲醛质量分数，这部分甲醛是游离状态的。胶黏剂中游离醛含量高，固化快，但适用期短，给操作带来不便并造成环境污染，危害人体健康。

为了测定游离醛含量，通常将胶黏剂充分溶解于水、乙醇与水的混合溶剂或纯乙醇溶剂中，游离甲醛与盐酸羟胺作用，生成等量的酸，然后以氢氧化钠中和生成的酸，通过滴定法进行测定。

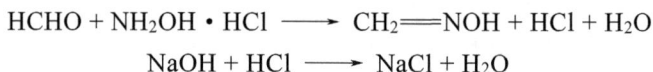

$$HCHO + NH_2OH \cdot HCl \longrightarrow CH_2{=\!=}NOH + HCl + H_2O$$
$$NaOH + HCl \longrightarrow NaCl + H_2O$$

三、实验仪器、试剂与试样

1. 仪器

pH 计；烧杯；滴定管。

2. 试剂

盐酸羟胺（10%）；氢氧化钠标准溶液（0.1mol/L）；溴酚蓝指示剂（0.1%）。

3. 试样

水性酚醛树脂。

四、实验步骤

1. 称取水性酚醛树脂 1～5g（准确至 0.0001g）于一烧杯中，加 50mL 蒸馏水充分溶解后，滴加 2 滴溴酚蓝指示剂。

2. 用刻度滴定管吸取 0.1mol/L 盐酸标准溶液，在磁力搅拌下滴加到上述溶液中，调节溶液酸度等于 4.0，加入 10%盐酸羟胺溶液 10mL，在（20～25）℃下放置 10min，然后以 0.1mol/L 氢氧化钠标准溶液电位滴定至溶液 pH 等于 4.0 时为终点。

3. 同时以 50mL 蒸馏水进行空白实验。

五、实验结果及数据处理

胶黏剂中游离甲醛质量分数按下式计算：

$$w = \frac{c \times (V_1 - V_2) \times M(HCHO)}{m}$$

式中，W 为胶黏剂中游离甲醛质量分数；V_1 为滴定试样所消耗氢氧化钠标准溶液的体积；V_2 为空白实验所消耗氢氧化钠标准溶液的体积；c 为氢氧化钠标准溶液的实际浓度；$M(HCHO)$ 为甲醛的摩尔质量（0.03003kg/mol）；m 为试样质量。

实验九

胶黏剂对接接头拉伸强度的测定

一、实验目的

1. 了解胶黏剂对接接头拉伸强度的定义与测试原理。
2. 掌握胶黏剂对接接头拉伸强度的测试方法。

二、实验原理

评价粘接质量最常用的方法就是测定粘接强度。粘接强度是胶黏剂的一项重要技术指标，对于选用胶黏剂、研制新胶种、进行接头设计、改进粘接工艺、正确应用胶黏结构很有指导意义。粘接强度是指胶黏体系破坏时所需要的应力，目前主要是通过破坏实验测得的。其中，拉伸强度是粘接强度的一种重要表现形式。

拉伸强度又称均匀扯离强度、正拉强度，是指粘接受力破坏时，单位面积所承受的拉伸力，单位为 MPa。由两根棒状被粘物对接构成的接头，其胶接面和试样纵轴垂直，拉伸力通过试样纵轴传至胶接面直至破坏，以单位胶接面积所承受的最大载荷计算其拉伸强度。

因为拉伸比剪切受力均匀得多，所以一般胶黏剂的拉伸强度都比剪切强度高得多。在实际测定时，试件在外力作用下，由于胶黏剂的变形比被粘物大，加之外力作用的不同轴性，很可能产生剪切，也会有横向压缩，因此，在扯断时就可能出现同时断裂。若能增加试样的长度和减小粘接面积，便可降低扯断时剥离的影响，使应力作用分布更为均匀。弹性模量、胶层厚度、实验温度和加载速度对拉伸强度的影响基本与剪切强度相似。

三、实验仪器与试样

1. 仪器

（1）试验机：试样的破坏负荷在试验机满标负荷的 15%～85% 之间。试验机的力值示值误差不应大于 1%。试验机应配备一副自动调心的试样夹持器，使力线与试样中心线保持一致。试验机应保证试样夹持器的移动速度在（5±1）mm/min 内保持稳定。

（2）量具：测量试样搭接面长度和宽度，精度不低于 0.05mm。

（3）夹具：胶接试样的夹具应能保证胶接的试样符合要求。在保证金属片不破坏的情况下，试样与试样夹持器也可用销、孔连接的方法，但不能用于仲裁试验。

2. 试样

（1）试材：LY12-CZ 铝合金、1Cr18Ni9Ti 不锈钢、45 碳钢、T2 铜等金属材料，厚度是（2.0±0.1）mm。数量不应少于 5 个。橡胶的厚度为（2.0±0.3）mm，长度为（15±0.5）mm，金属板的规格为 70mm×20mm×2mm。

（2）胶黏剂：丙烯酸结构胶；聚氨酯结构胶；环氧结构胶。

四、实验步骤

1. 试样的制备

（1）金属与金属粘接试样制备　试样应符合图 6-9-1 的形状和尺寸。试件两圆柱体的直径应一致，圆试样直径为 10mm、15mm 或 25mm。同轴度为 ±0.1mm，两粘接平面平行度为 ±0.2mm，加工粗糙度为 5.0μm。试件粘接按工艺要求进行，为确保胶层厚度一致，可将 $\phi 0.1 \times$（2～3）mm 左右的铜丝在叠合前放入胶层内，以专用装置定位固化。

标准试样的搭接长度是（12.5±0.5）mm，试样的搭接长度或金属片的厚度不同对实验结果会有影响。

（2）非金属与金属粘接试样制备　现以橡胶与金属粘接强度的测定为例。橡胶的厚度为（2.0±0.3）mm，粘接后的试件尺寸如图 6-9-2 所示。

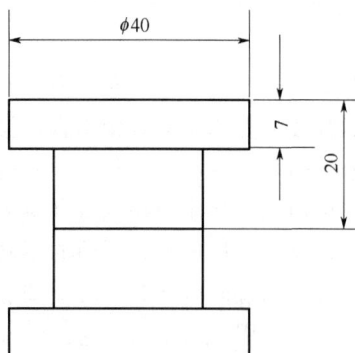

图 6-9-1　拉伸强度测定试件

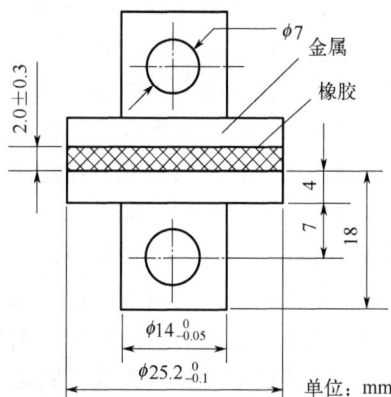

图 6-9-2　橡胶与金属粘接强度的测定试件

（3）非金属与非金属粘接试样制备　可仿效金属与金属粘接强度测定方法进行制样。试样制备后放置在温度为（23±2）℃、相对湿度为45%~55%的环境中7d。

2. 拉伸强度的测定

（1）金属与金属粘接拉伸强度的测定　测定前从胶层两旁测量圆柱体的直径 d（精确到 $1×10^{-6}$ m）。测定时将试件装于拉力试验机的夹具上，调整施力中心线，使其与试件轴线相一致，以（10~20）mm/min 的加载速度拉伸，拉断时记录破坏负荷。

如果需要测定高低温时的拉伸强度，应将试件和夹具一起放入加热或冷却装置内，在要求温度下保持（40~60）min，然后再进行测定。

（2）非金属与金属粘接拉伸强度的测定　测试时将试件装在夹具上，调整位置使施力方向与粘接面垂直，以（50±5）mm/min 的加载速度拉伸，记录破坏时的最大负荷。

五、实验结果及数据处理

1. 金属与金属粘接拉伸强度的测定

拉伸强度 σ 按下式计算，单位为 MPa。

$$\sigma = \frac{F}{A}$$

式中，F 为试件破坏时的负荷；A 为试件粘接面积，$A=\pi d^2/4$。

每组粘接试件不能少于 5 个，按允许偏差±15%取算术平均值，保留 3 位有效数字。

2. 非金属与金属粘接拉伸强度的测定

按下式计算拉伸强度 σ，单位为 MPa。

$$\sigma = \frac{F}{A}$$

式中，F 为试件破坏时的负荷；A 为粘接面积，$A=\pi d^2/4$。

试件不得少于 5 个，经取舍后不应少于原数量的 60%，取其算术平均值，允许偏差为 ±10%。

注：记录破坏时的最大力值作为试样的破坏载荷。凡试样出现欠胶或试棒断裂，但破坏载荷达到了胶黏剂产品标准规定的最低值，实验结果有效，否则无效。记录每个试样的破坏类型：

（1）胶黏剂的内聚破坏；

（2）胶黏剂与试棒界面之间的黏附破坏；

（3）靠近试棒和胶黏剂界面处的试棒内聚破坏。

实验十

胶黏剂粘接剪切强度的测定

一、实验目的

1. 了解胶黏剂剪切强度的定义和原理。
2. 掌握胶黏剂剪切强度的测试方法。

二、实验原理

剪切强度是指粘接件破坏时，单位粘接面所能承受的剪切力，其单位用兆帕（MPa）表示。剪切强度按测试时的受力方式又分为拉伸剪切、压缩剪切、扭转剪切和弯曲剪切强度等。

不同性能的胶黏剂，剪切强度亦不同，在一般情况下，韧性胶黏剂比柔性胶黏剂的剪切强度大。大量实验表明，胶层厚度越薄，剪切强度越高。

测试条件影响最大的是环境温度和实验速度，随着温度升高剪切强度下降，随着实验速度的减慢剪切强度降低，这说明温度和速度具有等效关系，即提高测试温度相当于降低实验速度。

（1）金属与金属粘接剪切强度的测试　试样为单搭接结构，在试样的搭接面上施加纵向拉伸剪切力，测定试样能承受的最大负荷。搭接面上的平均剪应力为胶黏剂的金属对金属搭接的拉伸剪切强度，单位为 MPa。

（2）非金属与金属粘接剪切强度的测定　非金属材料如橡胶、玻璃等与金属粘接的剪切强度测定，可采用在两片金属之间粘接非金属材料的方法。

（3）非金属材料粘接剪切强度的测定　可仿效金属与金属粘接剪切强度测定方法进行。

三、实验仪器与试样

1. 仪器

（1）试验机　使用的试验机应使试样的破坏负荷在满标负荷的 15%～85%之间。试验机的力值示值误差不应大于 1%。试验机应配备一副自动调心的试样夹持器，使力线与试样中心线保持一致。试验机应保证试样夹持器的移动速度在（5±1）mm/min 内保持稳定。

（2）量具　测量试样搭接面长度和宽度的量具精度不低于 0.05mm。

（3）夹具　胶接试样的夹具应能保证胶接的试样符合要求。在保证金属片不破坏的情况下，试样与试样夹持器也可用销、孔连接的方法，但不能用于仲裁试验。

2. 试样

（1）试材　LY12-CZ 铝合金、1Cr18Ni9Ti 不锈钢、45 碳钢、T2 铜等金属材料，厚度是

（2.0±0.1）mm。数量不应少于 5 个。

橡胶的厚度为（2.0±0.3）mm，宽度为（20.0±0.5）mm，长度为（15.0±0.5）mm，金属板的规格为 70mm×20mm×2mm。

（2）胶黏剂　丙烯酸结构胶；聚氨酯结构胶；环氧结构胶。

四、实验步骤

1. 试样的制备

（1）金属与金属粘接剪切强度的测试　除非另有规定，试样应符合图 6-10-1 的形状和尺寸。标准试样的搭接长度是（12.5±0.5）mm，常规实验，试样数量不应少于 5 个。仲裁试验试样数量不应少于 10 个。

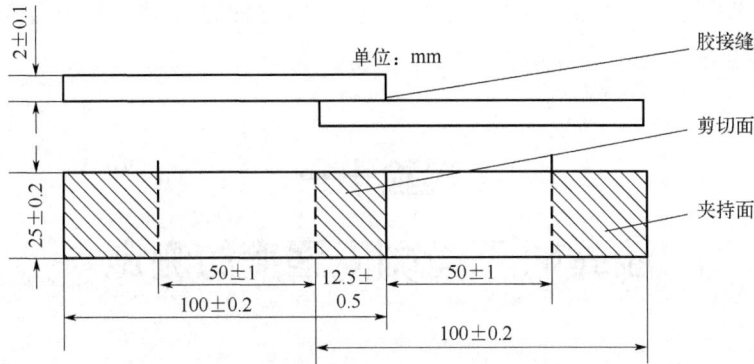

图 6-10-1　试样形状和尺寸

（2）非金属与金属粘接剪切强度的测定　现以橡胶与金属粘接剪切强度的测定为例。橡胶的厚度为（2.0±0.3）mm，宽度为（20.0±0.5）mm 长度为（15.0±0.5）mm，金属板的规格为 70mm×20mm×2mm，搭接长度为 15mm。

（3）非金属与非金属粘接剪切强度的测定　可仿效金属与金属粘接剪切强度测定方法进行制样。

2. 剪切强度的测试

（1）金属与金属粘接剪切强度的测试

① 用量具测量试样搭接面的长度和宽度，精确到 0.05mm。

② 把试样对称地夹在上下夹持器中，夹持处到搭接端的距离为（50±1）mm。

③ 开动试验机，在（5±1）mm/min 内，以稳定速度加载。记录试样剪切破坏的最大负荷，记录胶接破坏的类型（内聚破坏、黏附破坏、金属破坏）。

（2）非金属与金属粘接剪切强度的测定　橡胶与金属粘接面的错位不应大于 0.2mm。测试时应使试件中心线与试验机的施力轴线一致，以（50±5）mm/min 加载速度拉伸剪切，记录破坏时的最大负荷。

（3）非金属与非金属粘接剪切强度的测定　测定高低温下的剪切强度，需将试件置于加热或冷却装置中，并在所要求的温度下保持 30～45min，然后施力拉伸。

五、实验结果及数据处理

胶黏剂拉伸剪切强度 τ 按下式计算，单位为 MPa。

$$\tau = \frac{F}{b \times l}$$

式中，F 为试样剪切破坏的最大负荷；b 为试样搭接面宽度；l 为试样搭接面长度。

1. 对于金属与金属的剪切强度测试结果：以算术平均值、最高值、最低值表示。取 3 位有效数字。

2. 对于非金属与金属粘接剪切强度的测试结果：测定时所测样品不应少于 5 个，经取舍后不得少于原数的 60%，取算术平均值，允许偏差为 ±15%。

3. 非金属与非金属粘接剪切强度的测试结果：代表同一实验的试件不得少于原实验数量的 60%，取算术平均值，有效数字保留 3 位。每一试件测得的数值，与平均值的偏差不得超过 ±5%。

实验十一

胶黏剂 T 型剥离强度的测定

一、实验目的

1. 了解挠性材料与刚性材料黏合的胶接试样的 T 型剥离实验的装置、试样制备、实验步骤和结果处理。

2. 掌握由两种相同或不同挠性材料组成的胶接试样抗 T 剥离性能的测定方法。

二、实验原理

挠性材料对挠性材料胶接的 T 剥离实验是在试样的未胶接端施加剥离力，使试样沿着胶接线产生剥离，所施加的力与胶接线之间角度可不必控制。参考 GB/T 2791—1995 标准进行测定。本实验适用于测定由两种相同或不同挠性材料组成的胶接试样在规定条件下的胶黏剂的抗 T 剥离性能。

三、实验仪器与试样

1. 仪器

拉伸实验装置：具有适宜的负荷范围，夹头能牢固地夹住试样（见图 6-11-1），以恒定的速率分离并施加拉伸力的装置。该装置应具备力的测量系统和记录系统。力的示值误差不超过 2%，整个装置的响应时间应足够短，以不影响测量的准确性为宜，即当胶接试样破坏时，所施加的力能被测到。试样的破坏负荷应处于满标负荷的 10%～80%之间。

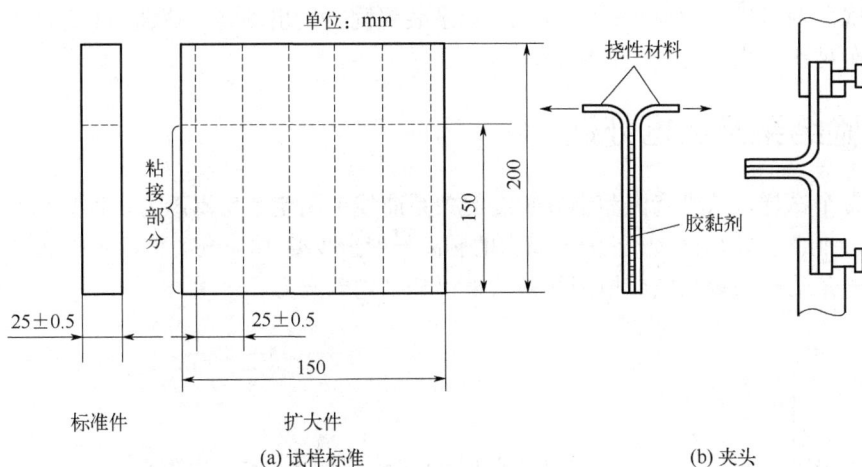

图 6-11-1　挠性材料与挠性材料粘接件 T 剥离实验装置

2．试样

（1）试材：挠性材料的厚度应以能承受预计的拉伸力为宜，厚度要均匀，不超过3mm，并能承受剥离弯曲角度而不产生裂缝。试样尺寸：长 200mm，宽（25±0.5）mm，其尺寸要精确地测量并写入实验报告。

（2）胶黏剂：环氧结构胶。

四、实验步骤

1．试样的制备

（1）标准件的制备：按胶黏剂的产品说明书进行试样的表面处理和使用胶黏剂。在每块被粘试片的整个宽度上涂胶，涂胶长度为150mm。

得到边缘清晰的粘接面的适宜方法是在被粘材料将被分离的一端放一片薄片状材料（防粘带），使不需黏合的部分的试片不被胶黏剂粘住。

制备试样如需加压，应在整个胶接面上施加均匀的压力，推荐施加压力可达 1MPa。最好配备有定时撤压装置。为了在整个胶接面上得到均匀的压力分布，压机平板应是平行的。如做不到就应当在压机平板上盖一块有弹性的垫片。垫片厚度为 10mm，硬度（邵氏 A）约为45，此时建议施加压力可达 0.7MPa。

（2）扩大件的制备：将两块尺寸适宜的板材胶接面扩大，将试样从扩大试样件上切下，切下时应尽可能减少切削热及机械力对胶接缝的影响，必须除去扩大试样件上平行于试样长边的最外面 12mm 宽的狭条部分。

（3）测定试样胶黏剂的平均厚度。每个批号试样的数目不少于 5 个。

2．T 型剥离强度的测定

（1）将挠性试片未胶接一端分开，按图 6-11-1（b）所示对称地夹在上下夹持器中。夹持部位不能滑移，以保证所施加的拉力均匀地分布在试样的宽度上。开动试验机，使上下夹持器以（100±10）mm/min 的速率分离。

（2）试样剥离长度至少要有 125mm，记录装置同时绘出剥离负荷曲线。并注意破坏的形式，即黏附破坏、内聚破坏或被粘物破坏。

五、实验结果及数据处理

对于每个试样，从剥离力和剥离长度的关系曲线上测定平均剥离力，以 N 为单位。一典型的剥离力曲线见图 6-11-2。计算剥离力的剥离长度至少要 100mm。但不包括最初的 25mm，可以用划一条估计的等高线或用测面积法来得到平均剥离力。

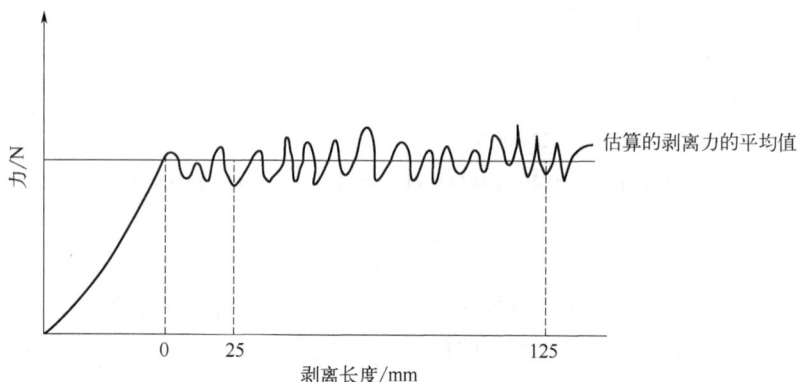

图 6-11-2 典型的剥离力曲线

记录下在这至少 100mm 剥离长度内的剥离力的最大值和最小值，按下式计算相应的剥离强度值 σ_r，单位为 kN/m。

$$\sigma_r = \frac{F}{b}$$

式中，σ_r 为剥离强度，kN/m；F 为剥离力，N；b 为试样宽度，mm。

计算所有实验试样的平均剥离强度、最小剥离强度和最大剥离强度。

实验十二

压敏胶黏带 180°剥离强度的测定

一、实验目的

1. 学习压敏胶黏带 180° 剥离强度实验的装置、试样制备、实验步骤和结果处理。
2. 掌握压敏胶黏带 180° 剥离强度的测定方法。

二、实验原理

将一条胶黏带粘在不锈钢板上，不锈钢板固定在拉力试验机的一个夹具上，试验机的另一个夹具夹住胶黏带的自由端，与不锈钢板呈180°角，以规定速率拉开胶黏带。通过持续从不锈钢板上剥离胶黏带并测量出剥离力，将其转换为剥离强度。注意剥离线垂直于作用力的方向。

三、实验仪器与试样

1. 仪器

（1）辊压装置。圆柱体的钢质压辊（简称压辊）直径为（85±2.5）mm，宽（45±1.5）mm，表面包覆有约 6mm 厚的橡胶，邵氏 A 硬度（80±5），没有凹凸偏差，压辊的质量为（2000±100）g。

在使用过程中，任何仪器部分都不应增加压辊的质量。压辊以（10±0.5）mm/s 的速率通过机动或手动方式滚动。

（2）拉力试验机。采用恒速拉力试验机，自动记录仪至少每剥离 1mm 胶黏带记录一次数值，试验机配备的两个夹具（校准在同一中心线上）平行对齐，在移动方向上处于同一平面内，整幅夹住试样，以（5.0±0.2）mm/s 的速率匀速移动，记录下负荷读数，最大允许误差 2%。

2. 试样

（1）胶黏带（长×宽）：300mm×（24±0.5）mm。
（2）不锈钢板（长×宽×厚）：125mm×50mm×1.1mm，退火抛光，表面光亮。

四、实验步骤

1. 试样调节

（1）将整卷胶黏带样品和不锈钢板置于温度（23±1）℃，相对湿度 50%±0.5%条件下，停放 24h 以上。

（2）样品卷上撕去最外的 3～6 层胶带，以 500～750mm/s 的速率解卷试样。在解卷后的 5min 内粘贴试样。

2. 不锈钢板预处理

用甲醇擦拭不锈钢板，用医用纱布擦干，重复清洗 3 次，最后一次用甲基乙基酮清洗。洗后的钢板至少晾置 10min。

3. 样件的制备

从测试的胶黏样品中裁取 300mm 长试样，沿试样长度方向，将一端胶黏面对折粘贴成约 12mm长的折叠层。拿住该折叠层，将试样的另一端粘贴在钢板的一端，使胶黏带自然地置于钢板上方（不接触钢板），然后用压辊来回滚压两次，防止胶黏面和钢板之间有空气残留，如有空气残留，则样件作废，重新制备。每个试样逐一制样、实验，控制在 1min 内完成。

4．测定剥离强度

在胶黏带折叠的一端从钢板上剥下 25mm 的胶黏带，把钢板的一端夹在拉力试验机的夹具里，胶黏带的自由端夹到另一夹具里。以（5.0±0.2）mm/s 的速率连续剥离。负载夹头运转后，忽略第一个 25mm 胶黏带机械剥离时获得的值，以下一个 50mm 胶黏带获得的平均值作为剥离力，转换为剥离强度。

五、实验结果及数据处理

每组试样个数不少于 3 个，实验结果以剥离强度的算术平均值表征，单位 N/cm，精确到 0.1N/cm。

实验十三

胶黏剂剪切冲击强度的测定

一、实验目的

1. 学习胶黏剂剪切冲击强度实验的装置、试样制备、实验步骤和结果处理。
2. 掌握胶黏剂剪切冲击强度的测定方法。

二、实验原理

剪切冲击强度是指试样承受一定速度的剪切冲击载荷而破坏时，单位胶接面积所消耗的功，其单位为 J/m^2。胶黏剂剪切冲击强度参考 GB/T 6328—2021 标准进行测定。

本实验所采用的测定方法为：由 2 个试块胶接构成试样，使胶接面承受一定速度的剪切冲击载荷，测定试样破坏时所消耗的功，以单位胶接面积承受的剪切冲击破坏力计算剪切冲击强度。见图 6-13-1。

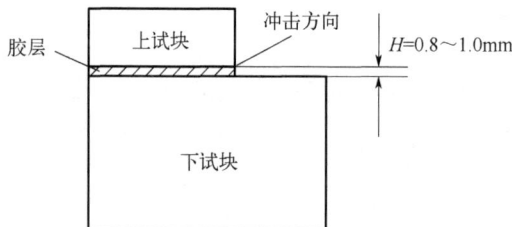

图 6-13-1　试样受打击示意图

试块——具有规定的形状、尺寸、精度的块状被粘物。

试样——将上下两试块，通过一定的工艺条件胶接制成的备测件。

受击高度——摆锤刀刃打以上试块时，刀刃到下试块上表面的距离，用 H 表示。

三、实验仪器与试样

1. 仪器

（1）试验机：胶黏剂剪切冲击试验机应采用摆锤式冲击试验机。其摆锤的速度为 3.4m/s。试样的破坏功应选在试验机度盘容量的 15%～85%范围内。

（2）夹具：所用夹具应能保证试样的受击高度在 0.8mm 内，并使试样的受击面及下试块的上表面与摆锤刀刃保持平行。

（3）量具：所用量具的最小分度值为 0.05mm。

2. 试样

（1）试块材质：试块可采用钢、铝、铜及其合金等金属材料和木材、塑料等非金属材料制作。但木材试块，需用容积密度大于 0.55g/cm³ 的白桦木或与此相当的直木纹树种。上下试块的容积密度应大致相同。有节疤、斑点、腐朽和颜色异常等的木材，不能用来加工试块。木材的含水率保持在 12%～15%（以全干质量为基准）。

（2）试块尺寸

上试块：长×宽×厚＝（25±0.5）mm×（25±0.5）mm×（10±0.5）mm；

下试块：长×宽×厚＝（45±0.5）mm×（25±0.5）mm×（25±0.5）mm。

四、实验步骤

1. 试样制备

（1）试块胶接表面的预处理方法、胶黏剂涂布及试样制备工艺等，应按产品的工艺规程确定。

（2）木材试块胶接时上下试块的木纹方向要一致。

在没有特殊要求的情况下，金属试样一般取 10 个，非金属试样一般取 12 个。

（3）非金属试块在加工时，应注意不要因过热而损伤试块。

2. 测试步骤

（1）将常态条件中的试样放在实验环境［温度（23±2）℃，相对湿度 50%±5%］下 24h。

（2）在开动试验机之前，用量具在胶接处分 3 处度量其长度和宽度，精确到 0.1mm。取其算术平均值，计算胶接面积。

（3）按要求将试样安装在夹具上，通常试验机夹具顶端到摆锤底部的距离为 22mm，可通过调节试样在夹具中的位置以保证试样的高度。

（4）开动试验机，使摆锤落下打击试样，记录试样损坏所消耗的能量 W。

（5）记录每个试样的破坏类型（如界面破坏、胶层内聚破坏、混合破坏）和变形状态。

五、实验结果及数据处理

剪切冲击强度 I_s 按下式进行计算，单位为 J/m^2。

$$I_s = \frac{W}{A}$$

式中，W 为试样的冲击破坏所消耗的能量，J；A 为胶接面积，m^2。

测试结果用剪切冲击强度的算术平均值表示，取 3 位有效数字。

参考文献

[1] 温变英. 塑料测试技术 [M]. 北京：化学工业出版社，2019.

[2] 肖汉文，王国成，刘少波. 高分子材料与工程实验教程 [M]. 2版. 北京：化学工业出版社，2016.

[3] 倪才华，陈明清，刘晓亚. 高分子材料科学实验 [M]. 北京：化学工业出版社，2015.

[4] 郭静. 高分子材料专业实验 [M]. 北京：化学工业出版社，2019.

[5] 金士九，金晟娟. 合成胶粘剂的性质和性能测试 [M]. 北京：科学出版社，1992.

[6] 国家市场监督管理总局，国家标准化管理委员会国标. GB/T 1040.2—2022 塑料 拉伸性能的测定 第2部分：模塑和挤塑塑料的试验条件. 北京：中国标准出版社，2022.

[7] 中华人民共和国国家质量监督检验检疫总局，中国国家标准化管理委员会. GB/T 9341—2008 塑料 弯曲性能的测定. 北京：中国标准出版社，2009.

[8] 中华人民共和国国家质量监督检验检疫总局，中国国家标准化管理委员会. GB/T 1681—2009 硫化橡胶回弹性的测定. 北京：中国标准出版社，2009.

[9] 中华人民共和国国家质量监督检验检疫总局，中国国家标准化管理委员会. GB/T 531.1—2008 硫化橡胶或热塑性橡胶 压入硬度试验方法 第1部分：邵氏硬度计法（邵尔硬度）. 北京：中国标准出版社，2008.

[10] 国家技术监督局. GB/T 9995—1997 纺织材料含水率和回潮率的测定 烘箱干燥法. 北京：中国标准出版社，1998.

[11] 国家市场监督管理总局，国家标准化管理委员会. GB/T 14337—2022 化学纤维 短纤维拉伸性能试验方法. 北京：中国标准出版社，2022.

[12] 国家市场监督管理总局，国家标准化管理委员会. GB/T 1727—2021 漆膜一般制备法. 北京：中国标准出版社，2021.

[13] 国家市场监督管理总局，国家标准化管理委员会. GB/T 1731—2020 漆膜、腻子膜柔韧性测定法. 北京：中国标准出版社，2020.

[14] 国家市场监督管理总局，国家标准化管理委员会. GB/T 6328—2021 胶粘剂剪切冲击强度试验方法. 北京：中国标准出版社，2021.

[15] 国家技术监督局. GB/T 2791—1995 胶粘剂 T剥离强度试验方法 挠性材料对挠性材料. 北京：中国标准出版社，1995.